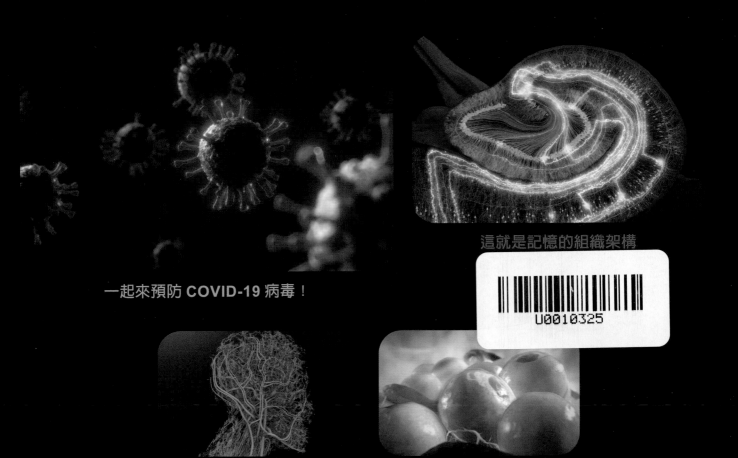

一起來預防 COVID-19 病毒！

這就是記憶的組織架構

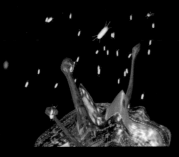

血管是循環全身的網路

脂肪的真面目──脂肪細胞

吃細菌的巨噬細胞

破壞骨骼的蝕骨細胞

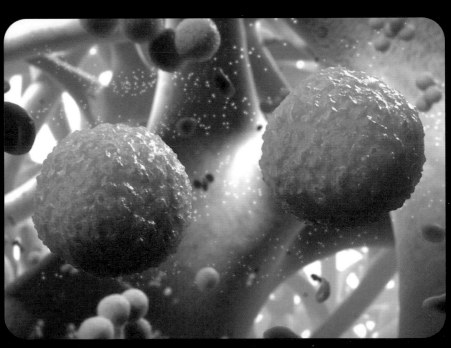

腎臟指示增加紅血球！

自然百科
008

人體大解密百科圖鑑

講談社の動く図鑑MOVE

人体のふしぎ　新訂版

晨星出版

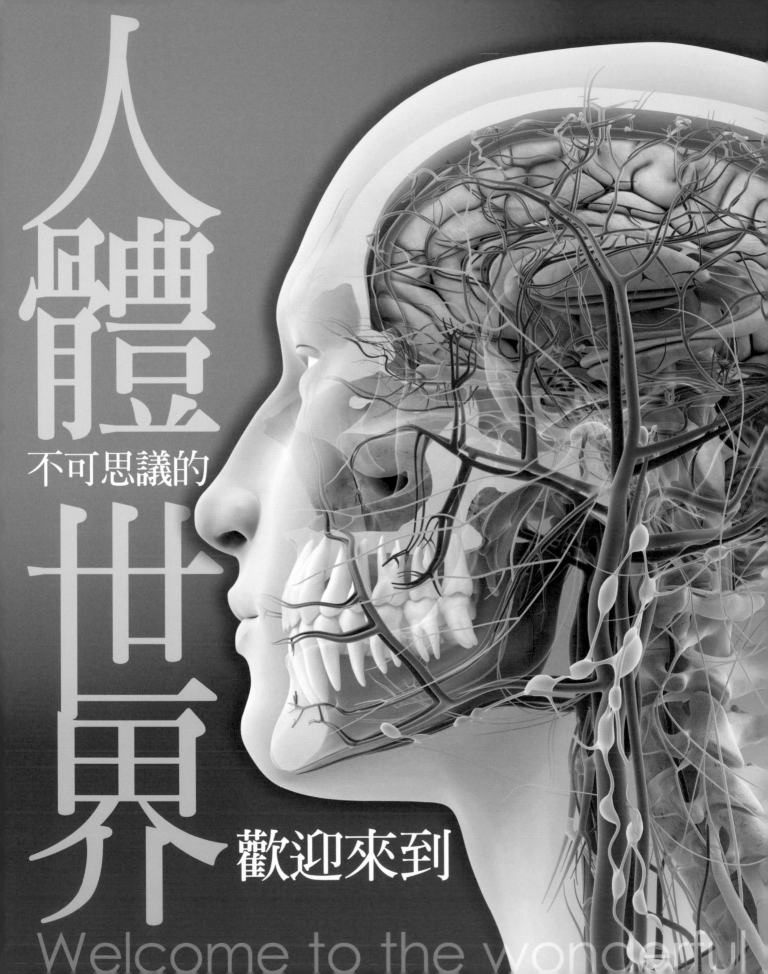

人體

不可思議的

世界

歡迎來到

Welcome to the wonderful

我們即將進入微生物世界！

人體最不可思議的事情，就是精子和卵子在輸卵管結合形成受精卵，接著在子宮著床，直到受精第三週就會形成生命的原形。在這段時間，部分即將發展成心臟的構造已經在鼓動。一顆細胞逐漸分裂形成心臟與各式各樣功能的細胞，搭建出人體的構造。後來，對血癌病患進行俗稱骨髓移植的造血幹細胞移植，使得活用幹細胞的再生醫學引起關注。問題是，骨髓的間質細胞製造出的間質幹細胞，儘管除了形成血球外，還能夠分化成骨骼、軟骨、肌肉等，但無法分化成腦或肝臟等。因此才會以人工方式製造出iPS細胞（誘導性多能幹細胞）。最近電視新聞也有移植iPS細胞治療可能失明之患者的正向報導。本書網羅了許多人體最新資訊，讓我們一同前往偉大科學家們揭開的人體微觀世界瞧瞧吧！

監修／**島田達生**
大分大學名譽教授暨大分醫學技術專校校長

人體是龐大的網路！

過去一講到人體，大家想到的就是人腦是全身的司令部，其他器官都要遵照腦的指示行動。然而，最新的科學研究顯示，各器官也會發送訊息，就像在對話一樣與腦交換資訊，維繫我們的生命。訊息是指細胞釋放的微物質，資訊往來的迴路是總長度號稱有十萬公里的血管，這套循環系統正類似電腦的網際網路。究竟哪些器官負責發送什麼樣的任務訊息呢？本書引用了大量NHK SPECIAL「人體」紀錄片的最新資訊，希望幫助各位建立全新的世界觀，一同認識人體的奧祕。

淺井健博
NHK SPECIAL「人體」紀錄片總製作人

world of a human body

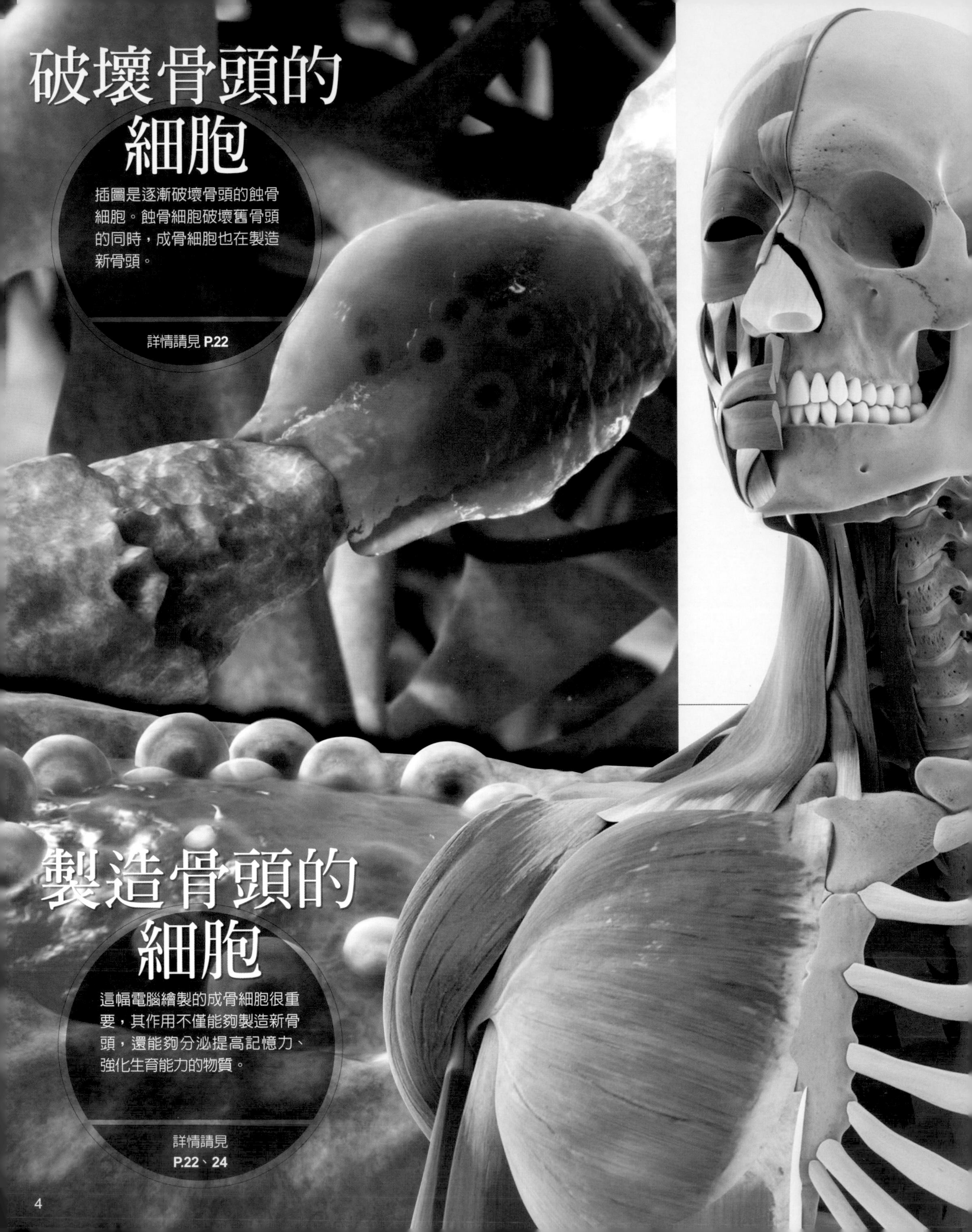

破壞骨頭的
細胞

插圖是逐漸破壞骨頭的蝕骨
細胞。蝕骨細胞破壞舊骨頭
的同時，成骨細胞也在製造
新骨頭。

詳情請見 **P.22**

製造骨頭的
細胞

這幅電腦繪製的成骨細胞很重
要，其作用不僅能夠製造新骨
頭，還能夠分泌提高記憶力、
強化生育能力的物質。

詳情請見
P.22、24

骨頭與肌肉
是盔甲

人體是由大約兩百塊骨頭所構成，構造就像一套複雜的拼圖。而骨頭的伸縮就仰賴肌肉的串連。骨頭與肌肉組合成活動我們身體的構造，也是保護腦與心臟等重要器官的盔甲。

詳情請見
P.20、26、28

支撐骨頭的
細胞

如這幅電腦繪製的圖片所顯示，硬骨細胞的外形類似星狀，占骨頭組織的90％以上，彼此牢牢互相連接。

詳情請見 **P.22**

MOVE THE 第1章 BODY
會活動的身體

CONTENTS

漂浮在胰臟的小島

這張圖是漂浮在胰臟的小島——胰島。這裡負責製造調整血糖值的重要激素。

詳情請見 P.44

生活在腸道內的細菌

腸子裡面不是只有導致人類生病的細菌，也住著維持人體健康的細菌。數量大約有一百兆個。

詳情請見 P.50

長在小腸裡的毛

小腸內壁的絨毛在電子顯微鏡下像手指般分支突起。這些密密麻麻的絨毛負責吸收十二指腸消化的食物營養。

詳情請見 P.46

DIGESTIVE 第2章 SYSTEM

吃

CONTENTS

水與食物的 大冒險

水與食物一旦進入人體，直到排出體外前，必須經歷一段冒險旅程。食物通過多個器官，轉換成各種形式，逐漸被消化、吸收。人體把最後一滴能量榨乾之後，就會把不需要的剩餘殘渣排泄出去。

詳情請見 P.38

磨碎 食物！

人類屬於雜食性動物，為了應付各種食物，因此口腔中有各種不同類型的牙齒。照片中是負責磨碎食物的大臼齒。

詳情請見 P.40

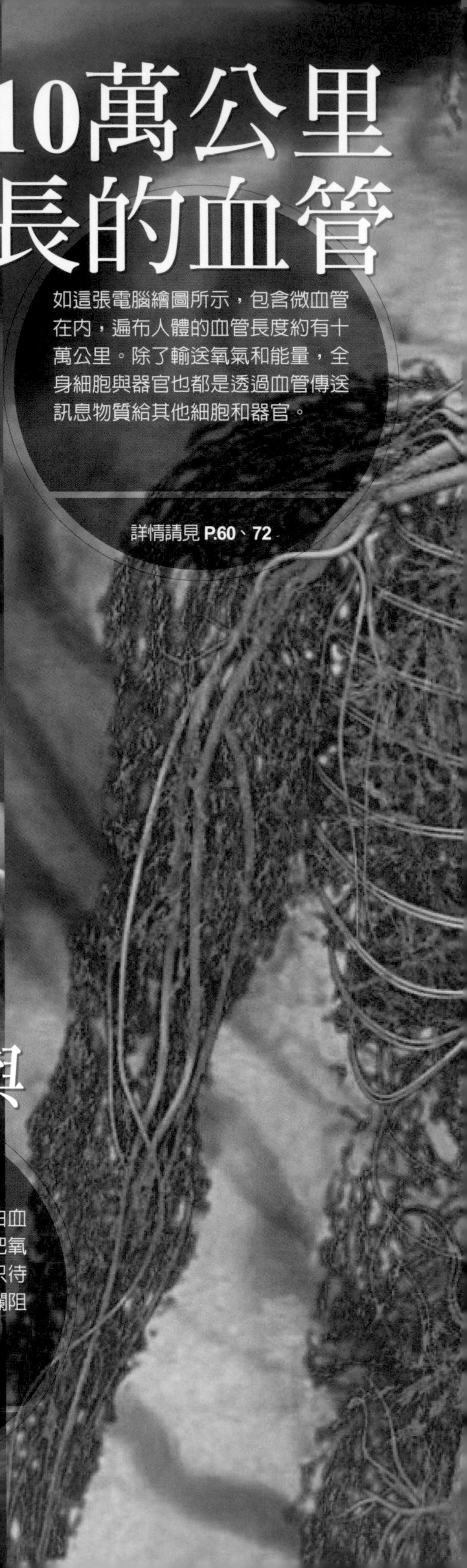

10萬公里
長的血管

如這張電腦繪圖所示，包含微血管在內，遍布人體的血管長度約有十萬公里。除了輸送氧氣和能量，全身細胞與器官也都是透過血管傳送訊息物質給其他細胞和器官。

詳情請見 **P.60、72**

製造150公升
過濾液的
腎絲球

這張電腦繪圖是微血管交纏形成的腎絲球，每天約可製造一百五十公升的過濾液。其中的99%會由血管吸收再利用。

詳情請見 **P.68**

紅血球與
白血球

這張圖是血液裡的紅血球與白血球。紅血球隨著血液流動，把氧氣送到全身細胞。白血球不只待在血液裡，也會離開血管，攔阻闖進體內的細菌等病原體。

詳情請見 **P.66**

肺臟細看像葡萄？

肺臟為空氣中吸入的氧氣與血液中二氧化碳進行交換的場所。肺臟正如這張圖所示，由兩億～三億顆肺泡組織像葡萄串一樣串連組成。

詳情請見 **P.62**

CIRCULATORY 第 3 章 SYSTEM
能量與資訊
的網路

CONTENTS

神經元構成
的網路

如這張圖所描繪，人體中稱為「神
經元」的神經細胞會建立串連全身
的網路。皮膚和眼睛等得到的資訊
傳送到腦，再由腦發號施令，以電
流訊號的形式傳送到全身。

詳情請見
P.88、94

耳朵裡的
蝸牛

這張圖是耳朵裡看起來像蝸牛
的構造「耳蝸」。耳蝸會把聲音
的真面目——空氣振動——轉
換成電流訊號傳送到腦。

詳情請見 **P.80**

頭頂
長出劍？

這是頭髮髮根的電子
顯微鏡照片。頭髮就
像一把劍一樣穿出皮
膚生長。

詳情請見 **P.86**

SENSE 第4章 ORGAN
感官與思維

傳送資訊的神祕物質

這張圖畫的是連接神經元與神經元的部位「突觸」。神經元以電流訊號的形式傳送資訊,而突觸會把電能訊號轉換成神經傳導物質,交給下一個神經元。

CONTENTS

詳情請見 **P.94**

1000億顆神經細胞

腦是由大約一千億顆神經細胞組成。這張圖是根據芥川賞作家,也是搞笑藝人的又吉直樹腦部MRI斷層掃描結果所繪製而成。發光的部分就是通過腦的電流訊號。

詳情請見 **P.94**

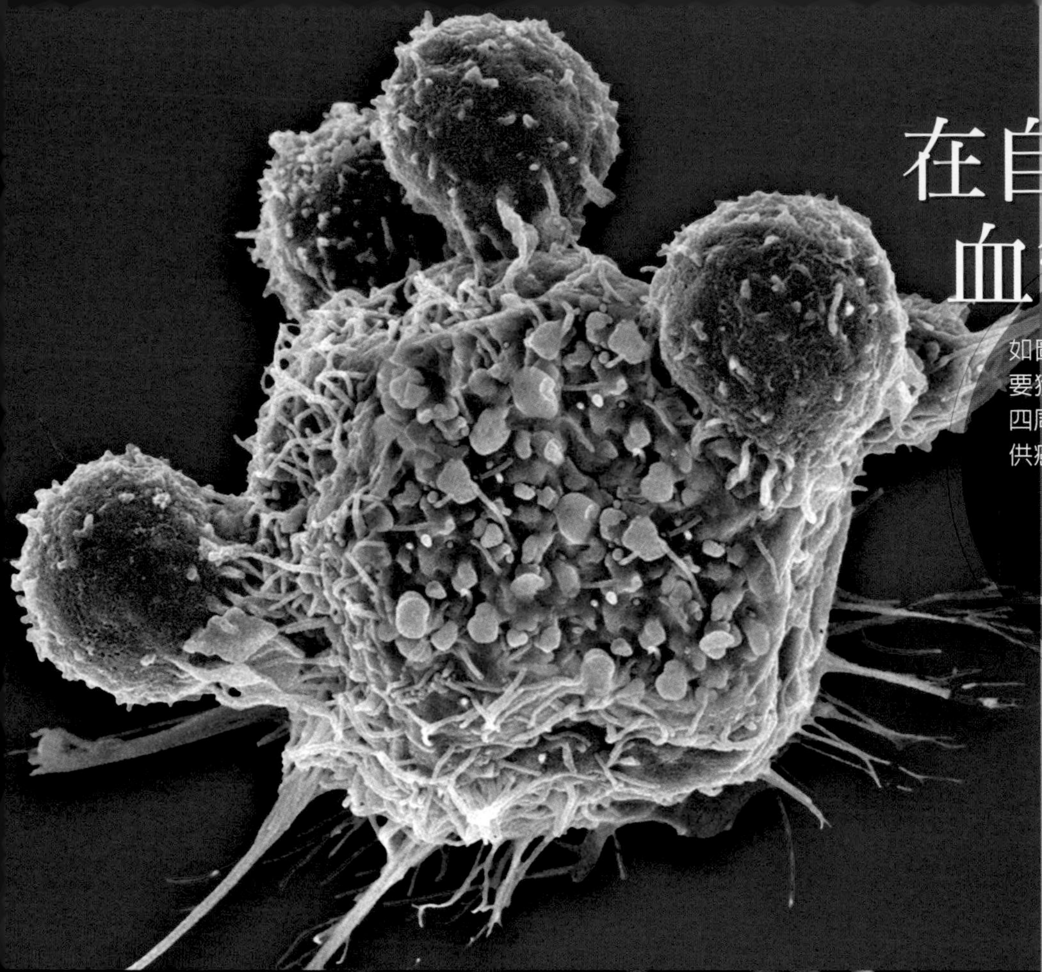

在自己四周製造血管的癌細胞

如圖所示，癌細胞會透過釋放「想要獲得更多營養」的物質，在自己四周製造新血管。新生血管能夠提供癌細胞氧氣和營養。

詳情請見 P.114

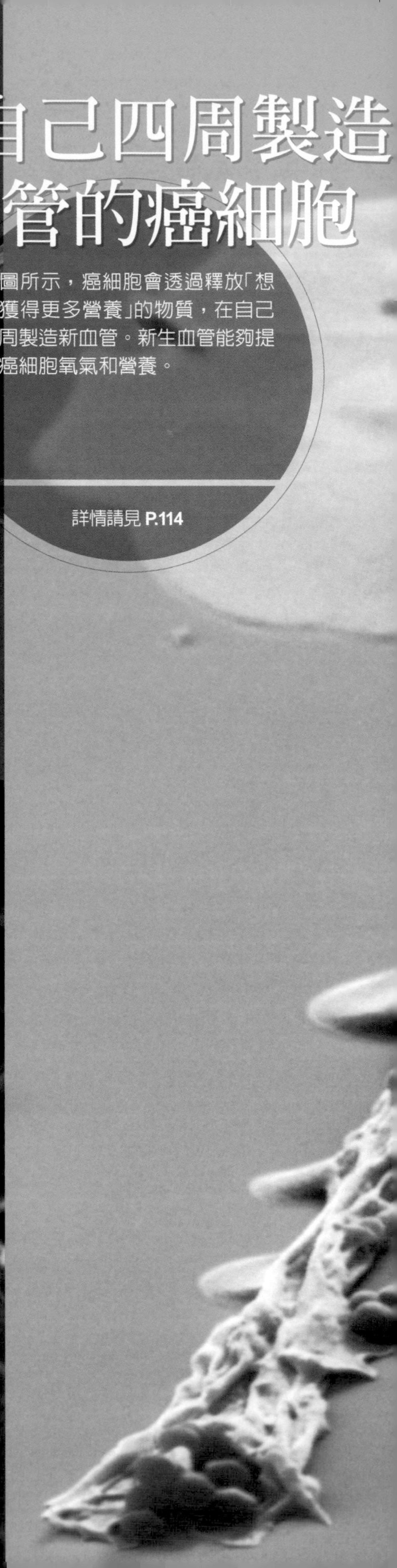

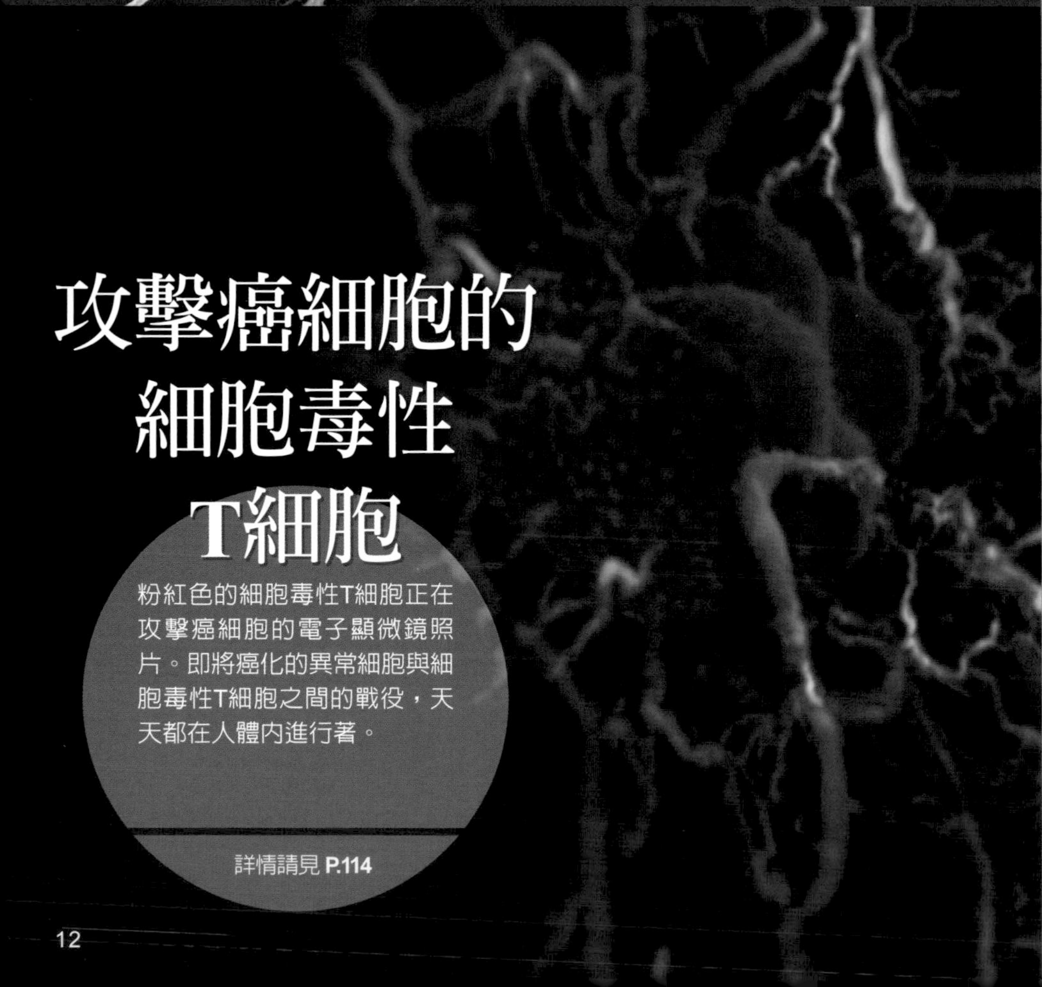

攻擊癌細胞的細胞毒性T細胞

粉紅色的細胞毒性T細胞正在攻擊癌細胞的電子顯微鏡照片。即將癌化的異常細胞與細胞毒性T細胞之間的戰役，天天都在人體內進行著。

詳情請見 P.114

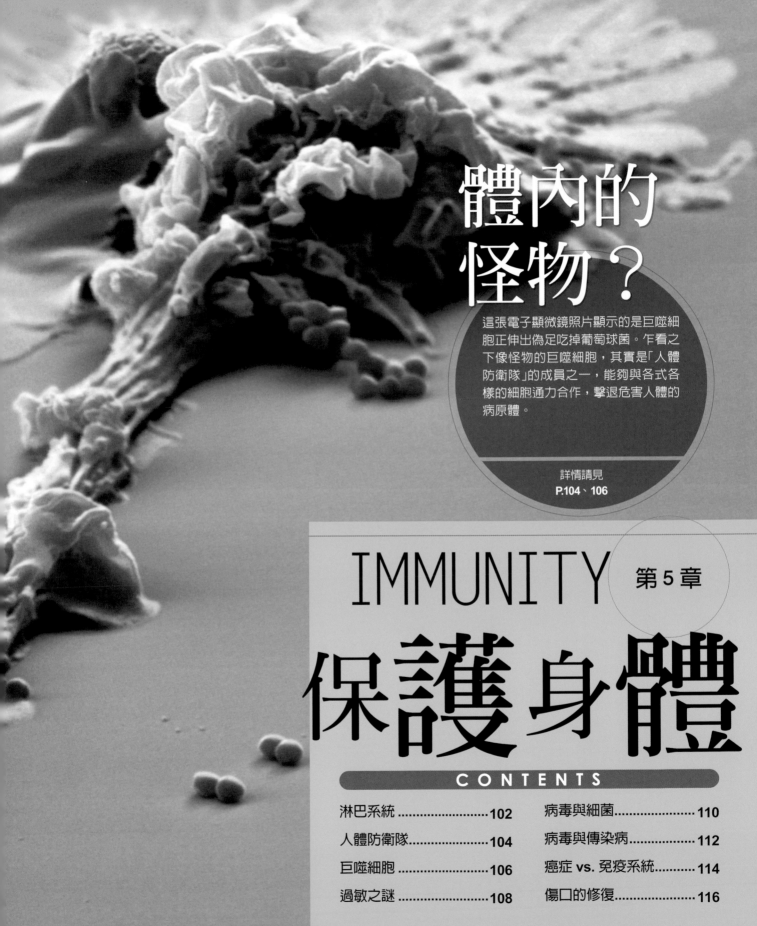

體內的怪物？

這張電子顯微鏡照片顯示的是巨噬細胞正伸出偽足吃掉葡萄球菌。乍看之下像怪物的巨噬細胞，其實是「人體防衛隊」的成員之一，能夠與各式各樣的細胞通力合作，擊退危害人體的病原體。

詳情請見
P.104、106

IMMUNITY　第 5 章

保護身體

CONTENTS

誕生的生命

這是受精後第十週的胎兒電子顯微鏡照片。短短兩個月時間，眼睛、鼻子、手指已經成形。

詳情請見 P.124

生命誕生的 瞬間

這張顯微鏡照片是透過最新生物影像技術（Bioimaging Technique），拍攝到受精卵內母親的基因與父親的基因合而為一瞬間，也是首次問世的影像。

詳情請見 P.122

CONTENTS

寶寶體內
接收母親
訊息的樹

這張電腦繪圖是胎盤內的絨毛
膜絨毛。胎兒透過這些形狀像
樹的絨毛獲得氧氣與營養，以
及來自母親的訊息傳遞物質。

詳情請見 P.126

挑戰人體奧祕的日本人

北里柴三郎
【1853 ～ 1931】

日本細菌學之父

北里柴三郎在就讀大學時,相信「醫生的使命就是預防疾病發生」,因而決心將「預防醫學」當成自己畢生的志業。畢業兩年後,他前往德國留學,在羅伯特．科赫研究所進行細菌研究並陸續發表研究成果。其中最重要的是建立只取出破傷風桿菌培養的方法(純種培養法),以及發明使用血液中血清成分治療的血清療法,改寫了醫學史。

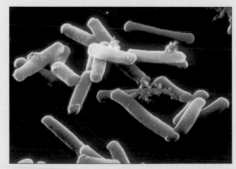

▲破傷風桿菌的電子顯微鏡照片。分布在田地等的土壤中,可從傷口進入人體製造毒素。

田原 淳
【1873 ～ 1952】

心臟傳導系統的大發現

心律調節器是心臟病患者治療用的裝置,日本目前每年會進行六萬次以上的心律調節器置放術。而田原淳的醫學貢獻是發現心臟跳動的原理「心臟傳導系統」(請見P.64),啓發了後來心律調節器的發明。他的重大發現是,心臟有特殊心肌纖維構成的傳導系統,會以固定節奏把心房產生的電刺激傳送到心室,驅使心室搏動。

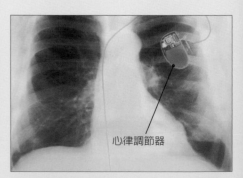

心律調節器

▲心律調節器對心臟肌肉(心肌)施予電刺激,幫助心臟以固定的節奏收縮。

現代人認為理所當然的事物，也是前人進入不可思議的「人體」世界探險，在微生物世界有形形色色的斬獲與發現所累積而成。這裡將介紹日本偉大的研究學者們。

野口英世
【1876 ～ 1928】

山中伸彌
【1962 ～】

犧牲性命對抗
傳染病

iPS細胞技術的發展

野口英世投入細菌學領域，研究傳染病梅毒與黃熱病，也前往危險傳染病盛行的南美洲、非洲，在當地進行研究，其成果拯救了許多人的性命。曾經三次提名諾貝爾生醫獎，卻於一九二八年在非洲感染黃熱病而病逝。

山中伸彌教授原本想成為骨科醫生，卻因為進行外科手術的動作太慢而被取笑。後來看到風溼性關節炎重症患者，決定投入難治疾病之研究。他成功製造出有能力分化成所有細胞的人造萬能幹細胞「iPS細胞」，創下世界首例，也成為第二位榮獲諾貝爾生醫獎的日本人得主（請見P.135）。

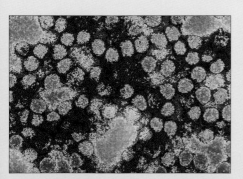

▲黃熱病病毒的電子顯微鏡照片。過去沒有電子顯微鏡，因此無法看到病毒。

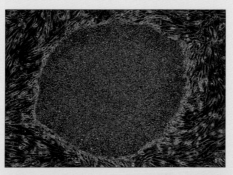

▲由人類皮膚細胞製造而成的數百顆 iPS 細胞的顯微鏡照片。中間是 iPS 細胞。

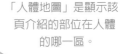

我來介紹各頁的重點。

動博士

人體地圖

胰臟

膽囊

十二指腸

十二指腸是接續胃的小腸其中極小一部分，胰臟則是在胃的後面。膽囊是肝臟下方的小器官。

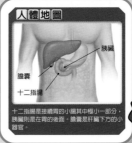

「人體地圖」是顯示該頁介紹的部位在人體的哪一區。

動少年

第 1 章

會活動的身體

骨骼支持身體,肌肉幫助身體活動,骨骼與肌肉都是構成我們
人體的重要要素。它們不僅是身體的一部分,也會影響到腦的
功能,而且與生育能力、老化息息相關。骨頭、肌肉,以及在
其四周的脂肪,都會對彼此釋放各種物質,並與全身細胞和器
官溝通。

骨骼

動博士的重點！

人的體內共有超過兩百個骨頭。骨頭的形狀包羅萬象，有的像長棍，有的像小石頭，有的扁平像板子，還有裡面有洞的骨頭等。不同的骨頭組成骨骼，支持人類的身體，保護內臟，幫助活動。

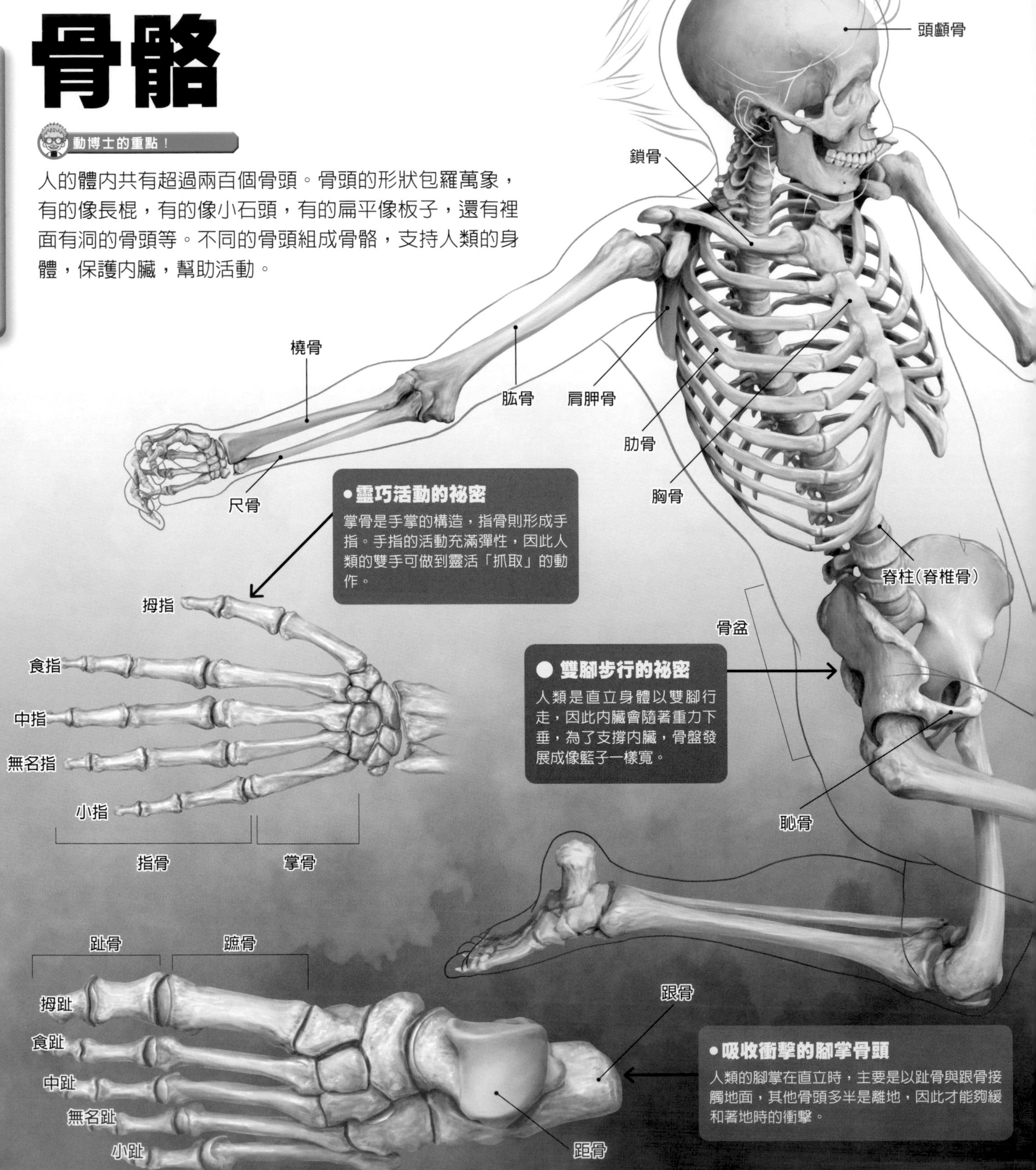

頭顱骨

鎖骨

橈骨

肱骨

肩胛骨

尺骨

肋骨

胸骨

● 靈巧活動的祕密

掌骨是手掌的構造，指骨則形成手指。手指的活動充滿彈性，因此人類的雙手可做到靈活「抓取」的動作。

脊柱（脊椎骨）

拇指

食指

中指

無名指

小指

指骨

掌骨

骨盆

● 雙腳步行的祕密

人類是直立身體以雙腳行走，因此內臟會隨著重力下垂，為了支撐內臟，骨盤發展成像籃子一樣寬。

恥骨

趾骨

蹠骨

拇趾

食趾

中趾

無名趾

小趾

跟骨

● 吸收衝擊的腳掌骨頭

人類的腳掌在直立時，主要是以趾骨與跟骨接觸地面，其他骨頭多半是離地，因此才能夠緩和著地時的衝擊。

距骨

腦顱骨

Q 人體最小的骨頭在哪裡？

A 在耳腔深處有鎚骨、砧骨及鐙骨這三塊骨頭組成的「聽小骨」（請見 P.80）。這些骨頭接收來自鼓膜的聲音振動，大小約只有幾公釐。

砧骨

鐙骨

鎚骨

― 頂骨

― 額骨

― 顳骨

顴骨

― 顴骨

― 上頜骨

顏面骨

― 下頜骨

● 靠關節連結、活動的骨頭

兒童期的骨頭有超過三百塊，隨著孩子成長，骨頭逐漸合併，成年後就剩下約兩百塊。每塊骨頭都以關節相連，成為活動的主力。

小孩子的骨頭有超過三百塊喔！

股骨

膝蓋骨（髕骨）

脛骨

腓骨

● 保護腦、打造長相的頭顱骨

頭顱骨是由十五種，共計二十三塊骨頭所組成，包括裝著腦的蝶骨等「腦顱骨」，以及影響長相的上頜骨等的「顏面骨」。

每天更新

蝕骨細胞與成骨細胞

 動博士的重點！

骨頭會承受各種外力，承受外力的方式有時會造成骨折。因此會先由骨頭內的「蝕骨細胞」破壞容易骨折的部分，接著再由「成骨細胞」重建出強健的骨頭。這項「工程」的施工速度，是由硬骨細胞釋放的物質控制喔！

Q 骨頭的構造是什麼模樣？

A 骨頭從外而內依序是由緻密骨、海綿骨、骨髓腔所構成。緻密骨充滿許多組織，用來儲存鈣。另外，骨髓腔的骨髓負責造血。

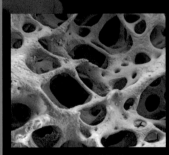

海綿骨的電子顯微鏡照片。海綿骨內有許多洞。

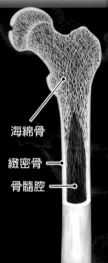

海綿骨
緻密骨
骨髓腔
股骨

每天認真生產、破壞，骨頭才會更強壯！

抑硬素（抑制骨硬化蛋白）

BMP（骨形成蛋白）

● 製造骨頭的成骨細胞

成骨細胞會在需要強壯骨頭的地方製造膠原纖維，或自己變成硬骨細胞。成骨細胞能夠感測血液裡的鈣濃度，判斷要吸收或釋出，此外還會分泌骨原蛋白（或稱骨鈣素）、骨橋蛋白（OPN，或稱骨橋素）等物質，調節記憶力、肌力、生育能力、免疫力。（請見 P.24）

骨頭（硬骨）如何增長？

A 骨頭的增長，女性大約需要十五～十六年，男性大約需要十八年。骨頭變長是由骨頭兩側稱為「生長板」的薄軟骨決定。雖說情況因人而異，不過生長板在年過十六～十八歲之後就會閉合，停止增長。

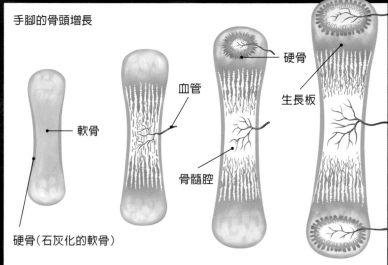

手腳的骨頭增長

軟骨

硬骨（石灰化的軟骨）

血管

骨髓腔

硬骨

生長板

在母親肚子裡的期間，除了頭顱骨以外，骨骼全都是軟骨構成。

軟骨的表面石灰化，受到推擠的軟骨內部龜裂，血管進入龜裂處。

軟骨持續增長，同時蝕骨細胞從內部破壞軟骨，成骨細胞出現製造骨頭。

骨頭兩側的生長板也同樣從軟骨變成硬骨，骨頭持續增長。空洞處形成骨髓腔。

● **破壞骨頭的蝕骨細胞**

為了更新骨頭，蝕骨細胞會先分解硬骨組織。蝕骨細胞是擁有多個細胞核的巨大細胞，負責分解並吸收硬骨組織，它會在硬骨的表面來回爬行，找尋要破壞的地方。

● **骨頭90％以上是硬骨細胞**

部分製造骨頭的成骨細胞會直接成為硬骨細胞。硬骨細胞會釋出製造骨頭的訊息物質「BMP（骨形成蛋白）」，或停止製造骨頭的物質「抑硬素（抑制骨硬化蛋白）」，藉此管理骨頭的形成。

骨頭發出的訊息

動博士的重點！

骨頭會分泌各種物質，與腦或造血幹細胞對話，提高記憶力與免疫力。此外也能夠強化肌力和生育力喔！

骨原蛋白

骨頭能夠加強免疫力？

骨頭中心的骨髓有稱為造血幹細胞的細胞，能夠製造紅血球、血小板、白血球等。成骨細胞釋出的骨橋蛋白（OPN）物質會作用在造血幹細胞上，增加淋巴球（白血球的一種）。

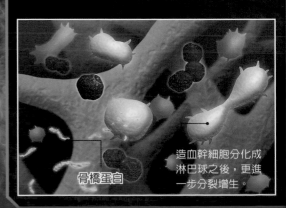

骨橋蛋白

造血幹細胞分化成淋巴球之後，更進一步分裂增生。

A　負責製造骨頭的成骨細胞，會釋出稱為「骨原蛋白（請見 P.73）」的小分子蛋白質，骨原蛋白順著血液流動到腦，腦中掌管記憶的「海馬迴（請見 P.93）」接收到骨原蛋白，就會使海馬迴的活動更加活躍。

血液流動運送骨原蛋白。

①
骨原蛋白運送到人腦中掌管記憶的部位「海馬迴」。

骨原蛋白

②
海馬迴神經元（請見 P.94）表面的受體接收骨原蛋白。

據說骨原蛋白能夠強化肌肉，提高製造精子的能力。

成骨細胞（請見P.22）

骨與骨的連結

股骨

膝蓋骨（髕骨）

內側副韌帶（MCL）

前十字韌帶（ACL）

後十字韌帶（PCL）

內側半月板

外側半月板

外側副韌帶（LCL）

腓骨

脛骨

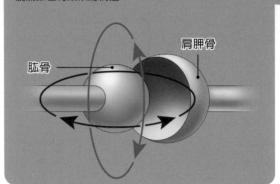

肩膀

肩膀有連接肩胛骨與肱骨的關節，肱骨頭的球形部分嵌入肩胛骨的凹槽，使手臂能夠朝各個方向活動。髖關節也有類似的構造。

肩胛骨

肱骨

手肘

肱骨與尺骨之間有類似鉸鏈構造的關節，幫助手肘彎曲伸直。橈骨和尺骨之間也有關節，能以橈骨頭為軸旋轉手臂。

尺骨

肱骨

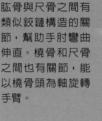

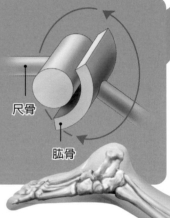

動博士的重點！

骨與骨的連結構造分為可動型與不動型，可動型稱為關節，有了可彈性活動的關節，我們才能夠自由行動。人體有超過三百處關節，每個關節有不同特徵，幫助我們做到不同的動作。

Q 韌帶扮演什麼樣的角色？

A 為了避免骨頭在劇烈運動下脫落，關節上有加強骨頭與骨頭連結的「韌帶」。左圖是右腳膝關節，可看到連接股骨和脛骨的內、外側副韌帶，以及關節裡有避免膝蓋晃動的前、後十字韌帶。

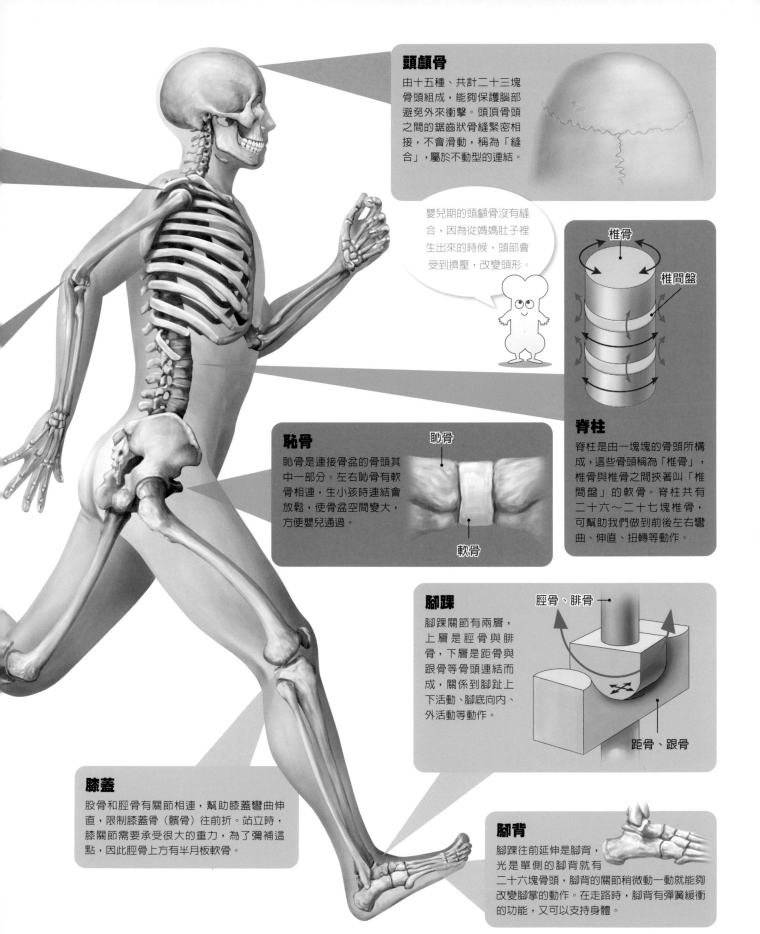

頭顱骨

由十五種、共計二十三塊骨頭組成，能夠保護腦部避免外來衝擊。頭頂骨頭之間的鋸齒狀骨縫緊密相接，不會滑動，稱為「縫合」，屬於不動型的連結。

嬰兒期的頭顱骨沒有縫合，因為從媽媽肚子裡生出來的時候，頭部會受到擠壓，改變頭形。

脊柱

椎骨

椎間盤

脊柱是由一塊塊的骨頭所構成，這些骨頭稱為「椎骨」，椎骨與椎骨之間夾著叫「椎間盤」的軟骨。脊柱共有二十六～二十七塊椎骨，可幫助我們做到前後左右彎曲、伸直、扭轉等動作。

恥骨

恥骨

軟骨

恥骨是連接骨盆的骨頭其中一部分。左右恥骨有軟骨相連，生小孩時連結會放鬆，使骨盆空間變大，方便嬰兒通過。

腳踝

脛骨、腓骨

距骨、跟骨

腳踝關節有兩層，上層是脛骨與腓骨，下層是距骨與跟骨等骨頭連結而成，關係到腳趾上下活動、腳底向內、外活動等動作。

膝蓋

股骨和脛骨有關節相連，幫助膝蓋彎曲伸直，限制膝蓋骨（髕骨）往前折。站立時，膝關節需要承受很大的重力，為了彌補這點，因此脛骨上方有半月板軟骨。

腳背

腳踝往前延伸是腳背，光是單側的腳背就有二十六塊骨頭，腳背的關節稍微動一動就能夠改變腳掌的動作。在走路時，腳背有彈簧緩衝的功能，又可以支持身體。

27

肌肉

會活動的身體

顳肌

額肌

眼輪匝肌

胸鎖乳突肌

斜方肌

三角肌

胸大肌

肱二頭肌

肱橈肌

腹直肌（腹肌）

伸肌支持帶

腹外斜肌

骨骼肌是可自主操控活動的肌肉

人體約有四百塊骨骼肌，各自連接著骨頭。像骨骼肌這類可經由意識操控活動的肌肉，稱為「隨意肌」。

股直肌

股外側肌

股內側肌

腓腸肌

脛前肌

阿基里斯腱（跟腱）

肌肉的構造

肌肉是由稱為「肌纖維」的細長細胞肌束所構成，而肌纖維則是由一束束更細的「肌原纖維」組成。肌肉就是靠肌原纖維伸縮的力量驅動。

● 肌膜
一般也稱為「筋膜」，是包覆肌肉的外膜。

● 肌纖維肌束
一束束肌纖維集合形成的肌束。

● 運動終板
把腦的指令傳送到肌肉的神經。

● 微血管
肌肉上有許多微血管沿著肌纖維分布。

● 肌纖維
肌細胞的形狀細長，因此也稱為肌纖維。直徑約0.01～0.1公釐。

 動博士的重點！

跑步、拿東西、做動作都需要「骨骼肌」。只要伸縮與骨頭相連的骨骼肌，就可以拉扯骨頭，使身體做出動作。肌肉除了骨骼肌之外，還有使內臟活動的「平滑肌」，以及使心臟跳動的「心肌」，不過這裡我們將深入認識骨骼肌。

Q 短跑選手與長跑選手的肌肉差異在於？

A 短跑選手與長跑選手發達的肌肉不同，短跑選手的是含有較多肌原纖維的白肌（快肌），能夠產生瞬間爆發力；反之，長跑選手的是含有較多肌紅蛋白（肌紅素），可儲存氧氣的紅肌（慢肌）比較發達。紅肌需要氧氣，也因此力量可維持較長時間。動物之中，鯨魚、鮪魚也有紅肌，鯛魚和河豚則是白肌。肌肉的顏色是根據含有紅色素的肌紅蛋白多寡決定。

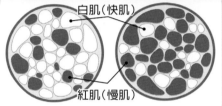

白肌（快肌）

紅肌（慢肌）

快肌纖維多型　　　慢肌纖維多型

● 肌腱
連結骨骼肌與骨頭的膠原纖維。

Q 肌肉分為哪些種類？

A 肌肉可分為以下幾種：

隨意肌 可經由個人意識操控活動的肌肉。	**骨骼肌** 連接骨頭的肌肉。
不隨意肌 不可經由個人意識操控活動的肌肉。	**心肌** 心臟的肌肉。 **平滑肌** 內臟和血管的肌肉。

肌原纖維的肌絲

肌原纖維在電子顯微鏡下看起來就是稱為「肌絲」的規則構造。肌絲是由粗的肌凝蛋白和細的肌動蛋白交互排列組成，兩者的拉近、分離決定骨骼肌的伸縮。

肌原纖維變成一束（肌束）就是肌纖維。

肌纖維是細胞的集合體。

● 肌原纖維
收到來自神經的指令就會伸長或收縮。直徑約0.001公釐。

● 粒線體
位在細胞內，利用呼吸產生能量。

伸直時

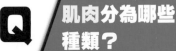

肌凝蛋白　　　肌動蛋白

● 肌漿網（SR）
包覆肌原纖維的網格狀構造，負責儲存與釋放鈣。

收縮時

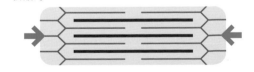

能量儲藏室

脂肪

 動博士的重點！

脂肪占體重很大的比例，儲存在肝臟和脂肪細胞裡，當作空腹時的能量來源，也用來維持體溫，具有各式各樣的作用。

Q 脂肪的用途是什麼？

A 吃進身體的食物變成能量卻沒用完，多出來的醣類和脂質就會轉換為中性脂肪，儲存在脂肪細胞的脂肪滴內。運動或空腹等時候，儲存的中性脂肪就會分解當作能量使用。另外，脂肪可用來保持體溫、支撐內臟維持在正確位置、緩和外來的衝撞等，扮演各種角色。

兩種脂肪細胞

脂肪細胞可分為兩種，一種是白色脂肪細胞，主要任務是把能量儲存在脂肪滴。另外一種是褐色脂肪細胞，可利用能量產生熱能、使細胞內擁有許多大型的粒線體。目前已知嬰兒體內有許多褐色脂肪細胞。

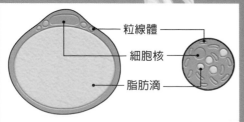

粒線體
細胞核
脂肪滴

▲白色脂肪細胞　　▲褐色脂肪細胞

皮下脂肪

腹部的剖面圖

內臟脂肪

皮下脂肪

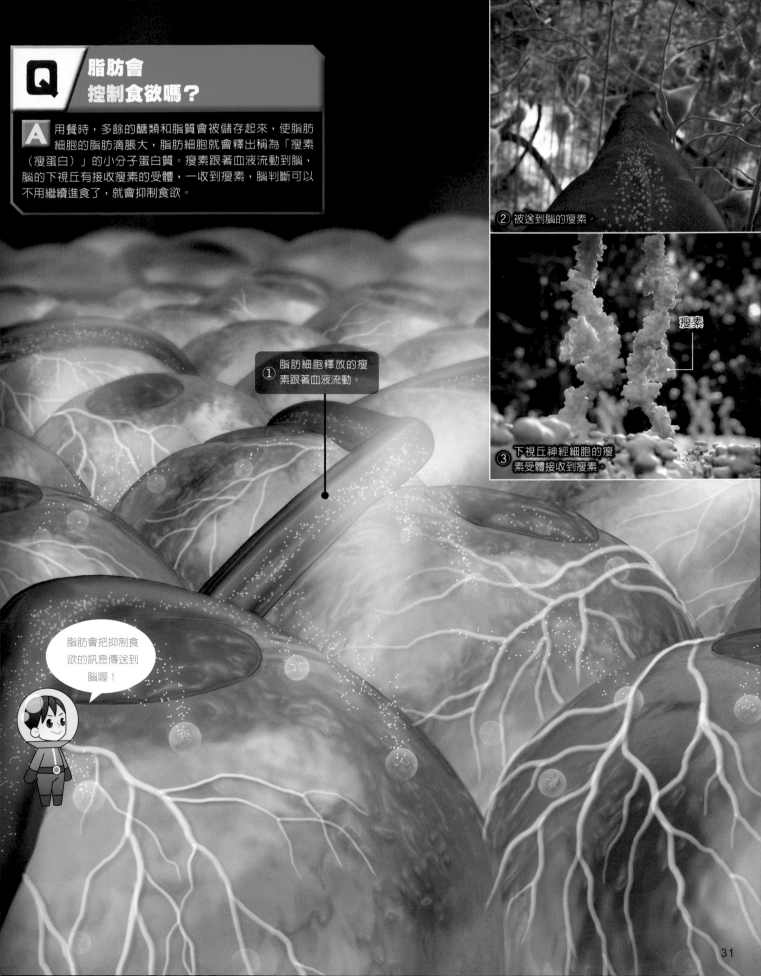

Q 脂肪會控制食欲嗎？

A 用餐時，多餘的醣類和脂質會被儲存起來，使脂肪細胞的脂肪滴脹大，脂肪細胞就會釋出稱為「瘦素（瘦蛋白）」的小分子蛋白質。瘦素跟著血液流動到腦，腦的下視丘有接收瘦素的受體，一收到瘦素，腦判斷可以不用繼續進食了，就會抑制食欲。

② 被送到腦的瘦素。

瘦素

③ 下視丘神經細胞的瘦素受體接收到瘦素。

① 脂肪細胞釋放的瘦素跟著血液流動。

脂肪會把抑制食欲的訊息傳送到腦喔！

人造器官與義肢

會活動的身體

Q 義足有哪些種類？

A 失去腿腳的人穿戴的義肢稱為「義足」，義足包括兩種類型，一種是為了讓外觀看起來與失去腿腳前一樣，另外一種是為了走路。義足有全球通用的統一規格，世界各國都在開發義足。

動博士的重點！

有些人一生下來就有先天性的缺陷，也有些人的缺陷是後天出意外或生病所造成。透過研究人員的努力，改善那些不便的裝置已經陸續開發出來。代替手腳的裝置稱為義肢，其中義足的發展速度之快，更是有目共睹，穿戴義足的跑者甚至在奧運會上跑出了優秀的成績。在這裡將介紹全球最新的義肢與人造器官。

義足最早起源於古埃及。在古埃及遺跡中挖掘出女性穿戴的義足。

早在距今兩千多年前就有了？

義足的發展進程十分快速。照片中跑者穿戴的專為競賽開發的義足。

● 器官3D列印

以細胞取代墨水，列印出立體的人類器官，稱為「器官3D列印」。目前已經可以利用器官3D列印技術製造出皮膚、血管、膀胱、耳朵（耳廓）等，研究仍在持續，期盼未來能夠列印出更複雜的人造肝臟、心臟等，提供移植使用。

二〇一四年以器官3D列印技術製作出荷蘭畫家梵谷的左耳。

● HAL動力衣（穿戴式機器人）

有些人因為腦、神經、肌肉等相關疾病，變得寸步難行。HAL動力衣是在腿腳、腰裝上電極，只要穿上，走路就會很輕鬆，目標在使身體更健康。日本各地的醫院都在利用HAL動力衣進行治療。

▶實際使用HAL治療時，會搭配照片中的防跌倒裝置。

CYBERDYNE, Inc. 提供

● 電子耳

失去聽覺或重度聽障者使用的「電子耳」又稱為人造耳蝸。現階段使用的電子耳需要穿戴在耳廓或頭上，目前仍在研究可裝在耳內、改善聽力的極小裝置（壓電元件）。

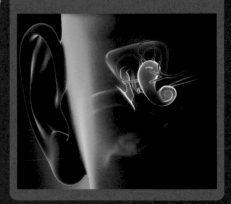

● 肌電義肢

「肌電義肢」是指利用感測器判讀剩餘手臂的肌肉動態（電流訊號），藉此驅動義肢的手腕或手指。最近有的肌電義肢的五根手指已經能夠各自自由活動，幫助做菜、工作、嗜好等，拓展更多日常生活的樂趣。

● 心室輔助器

有些等待心臟移植的心臟疾病患者，需要裝上「心室輔助器」。這個裝置可幫助血液循環，維持生命。隨著科技日新月異，目前裝置已經縮小成更小的尺寸，研究人員仍在繼續開發可把整個裝置放入體內的輔助人造心臟。

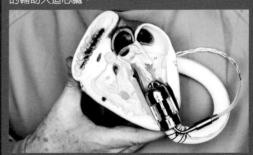

● 人造眼球

人類眼球的光感應器（感光細胞）是碗狀，而且是由多個細胞排列構成。研究人員正在努力重現這個構造，一旦實現，或許就能夠創造出比人類眼睛性能更高的「人造眼球」，可用於移植。

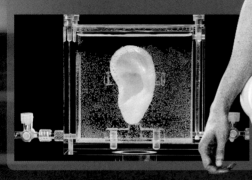

骨頭博物館

動博士的重點！

魚類在海裡誕生，接著兩棲類、爬蟲類、哺乳類、鳥類等各式各樣的動物們在地球上出現，牠們稱為「脊椎動物」，全都具有脊柱（脊椎骨）。這些動物的骨骼乍看之下與人類的不一樣，事實上卻十分相似，刻劃著從魚類一路演化而來的生物史。我們差不多該進入骨頭博物館參觀了！

黑猩猩等類人猿也沒有尾巴，變成了尾骨喔。

類似肋骨的赤蠵龜骨骼

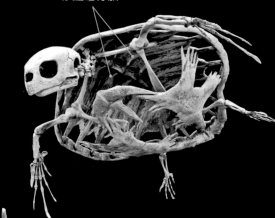

● 龜殼與人類的肋骨

龜殼是為了保護柔軟的身體，從肋骨變化而成。仔細看，你會發現龜殼內側的骨頭形狀類似肋骨。

松鼠猴的尾巴

●猿猴的尾巴與人類的尾骨

猿猴的尾巴是用來保持平衡，以及在樹林間擺盪。人類的尾巴已經退化，不過還留下稱為「尾骨」的骨頭。

●馴鹿的腳與人類的腳

馴鹿的鹿蹄演化成能夠支持身體的骨骼，這是為了能夠快速逃離敵人。馴鹿的鹿蹄相當於人類腳趾的中趾和無名趾，至於腳跟則是遠離地面。

馴鹿的鹿蹄

馴鹿的腳跟

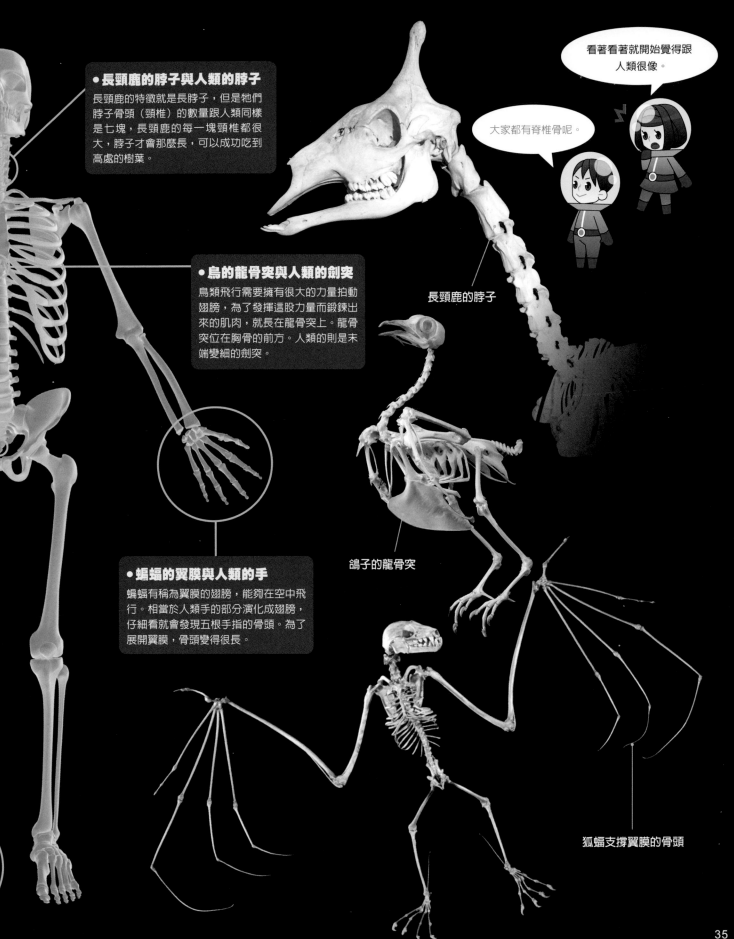

● 長頸鹿的脖子與人類的脖子

長頸鹿的特徵就是長脖子，但是牠們脖子骨頭（頸椎）的數量跟人類同樣是七塊，長頸鹿的每一塊頸椎都很大，脖子才會那麼長，可以成功吃到高處的樹葉。

● 鳥的龍骨突與人類的劍突

鳥類飛行需要擁有很大的力量拍動翅膀，為了發揮這股力量而鍛鍊出來的肌肉，就長在龍骨突上。龍骨突位在胸骨的前方。人類的則是末端變細的劍突。

● 蝙蝠的翼膜與人類的手

蝙蝠有稱為翼膜的翅膀，能夠在空中飛行。相當於人類手的部分演化成翅膀，仔細看就會發現五根手指的骨頭。為了展開翼膜，骨頭變得很長。

看著看著就開始覺得跟人類很像。

大家都有脊椎骨呢。

長頸鹿的脖子

鴿子的龍骨突

狐蝠支撐翼膜的骨頭

DIGESTI
SYSTEM

第 2 章

吃

人體具有各種用來消化食物、吸收營養的構造,同時,把營養吸收殆盡的食物排出體外的構造也在發揮作用。這些構造稱為「消化系統」。另一方面,最近的研究得知,住在消化器官——小腸與大腸裡的腸道細菌,也與全身的免疫系統息息相關。

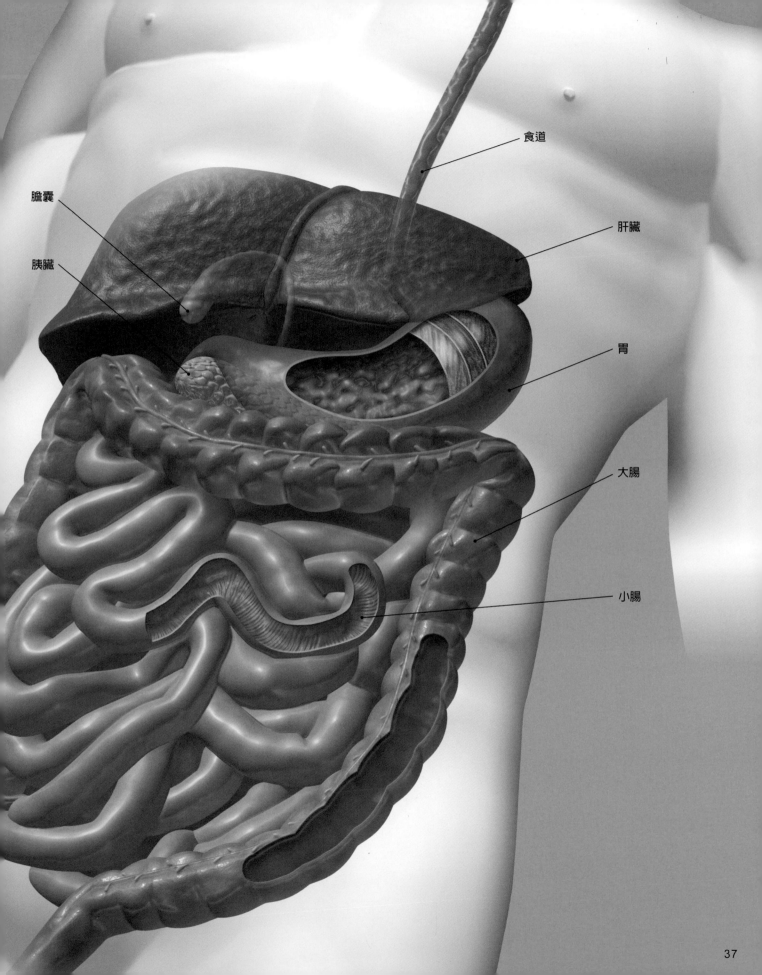

食道

肝臟

胃

大腸

小腸

膽囊

胰臟

蛋白質 → 胺基酸
碳水化合物 → 葡萄糖
脂肪
脂肪酸
甘油
水分、液體
唾液、胃液、胰液、膽汁、腸液
食物
糞便

消化系統總覽

把食物轉換成力量！

動博士的重點！

食物轉換成力量與許多器官息息相關，這些統稱為消化系統。

食物進入嘴裡，用牙齒咬碎，通過胃和小腸時轉換成可當作力量使用的形式，等到營養徹底吸收完畢之後，食物就會變成糞便便排出體外！

●唾液腺

咀嚼的動作促使唾液腺在口腔中分泌唾液（●）、唾液（■■）含有分解碳水化合物（●）的消化酵素，稱為唾液澱粉酶。

●胃

食物（●）暫時堆積在胃，胃會分泌酸性胃液（●）將蛋白質（●）分解成小分子、肉類、魚類等蛋白質（●）與脂肪（●）停留在胃裡的時間比白飯等碳水化合物（●）更久。液體（●）則能夠輕易地快速通過胃。

●咽頭

口腔後側與食道的部分稱為咽頭。

●食道

食道是由肌肉構成管狀構造，長度約二十五公分。食道的肌肉收縮進行「蠕動」，把咬碎的食物（●）從咽頭運送到胃。

●口腔與牙齒

用牙齒把食物（●）咬碎的動作稱為「咀嚼」。咀嚼是為了方便吞嚥食物，細嚼慢嚥應能讓食物更容易消化。促進唾液（●）分泌。

●肝臟

累積養分，等到必要時，可以轉換成身體方便使用的物質，運送到全身。此外，還具有將有害對人體的藥物分解為無害、製造膽汁（●）等功能。肝臟是能夠使用幾千種酵素進行複雜化學變化的重要器官。

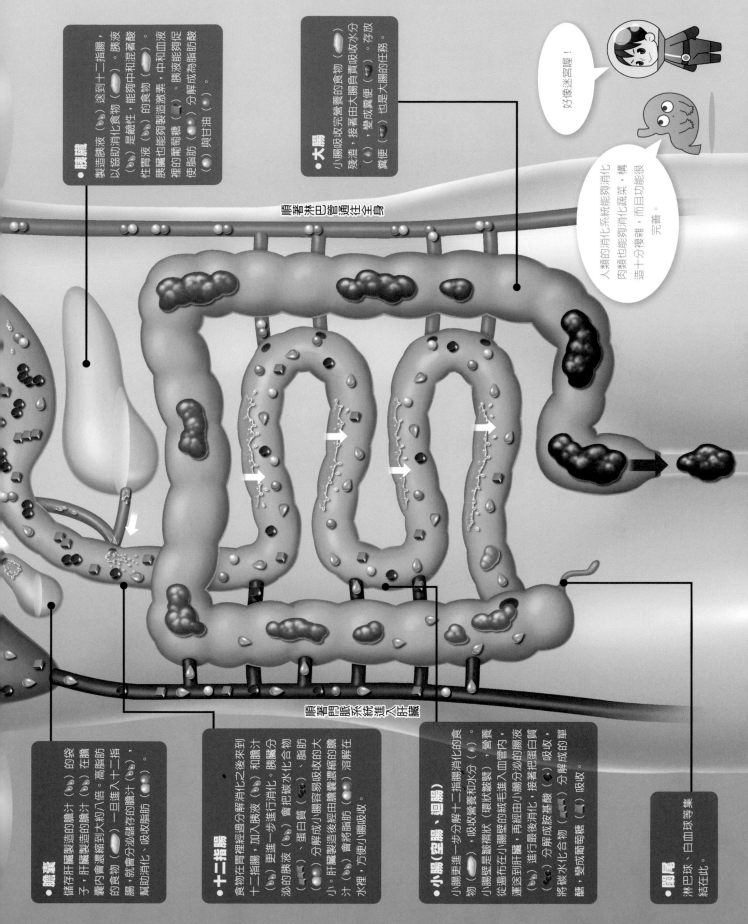

● 胰臟
製造胰液（）送到十二指腸，以協助消化食物（）。胰液（）是鹼性的食物（），能夠中和混著胃酸（）性胃液（）的食糜，中和血液裡的葡萄糖（）。胰液能夠使脂肪（）製造葡萄糖（）分解成為脂肪酸（）與甘油。

● 大腸
小腸吸收完養分的食物（）殘渣，接著由大腸負責吸收水分、存放，變成糞便（），也是大腸的任務。糞便（）也是大腸的任務。

順著淋巴管通往全身

好像迷宮喔！

人類的消化系統能夠消化、構造也能夠消化蔬菜，構造十分複雜，而且功能很完善。

順著門脈系統進入肝臟

● 膽囊
儲存肝臟製造的膽汁（）的袋子。肝臟製造的膽汁（）在膽囊內會濃縮到大約八倍，高脂肪的食物就會分泌到儲存的膽汁（）。一旦進入十二指腸，幫助消化、吸收脂肪（）。

● 十二指腸
食物在胃裡經過分解消化之後來到十二指腸，加入胰液和膽汁（）更進一步進行消化。胰臟分泌的胰液（）會把碳水化合物（）、蛋白質（）、脂肪（）分解成小腸容易吸收的大小。肝臟製造的膽汁經由膽囊濃縮的膽汁（）會將脂肪（）溶解在水裡，方便小腸吸收。

● 小腸（空腸、迴腸）
小腸更進一步分解十二指腸消化的食物（），吸收養分和水分（）。小腸壁是皺褶狀（環狀皺襞），從遍布在小腸的絨毛進入血管內，再運送到肝臟。進行最後消化，接著把蛋白質（）分解成胺基酸（）吸收、將碳水化合物（）分解成葡萄糖（）吸收。

● 闌尾
淋巴球、白血球等集結在此。

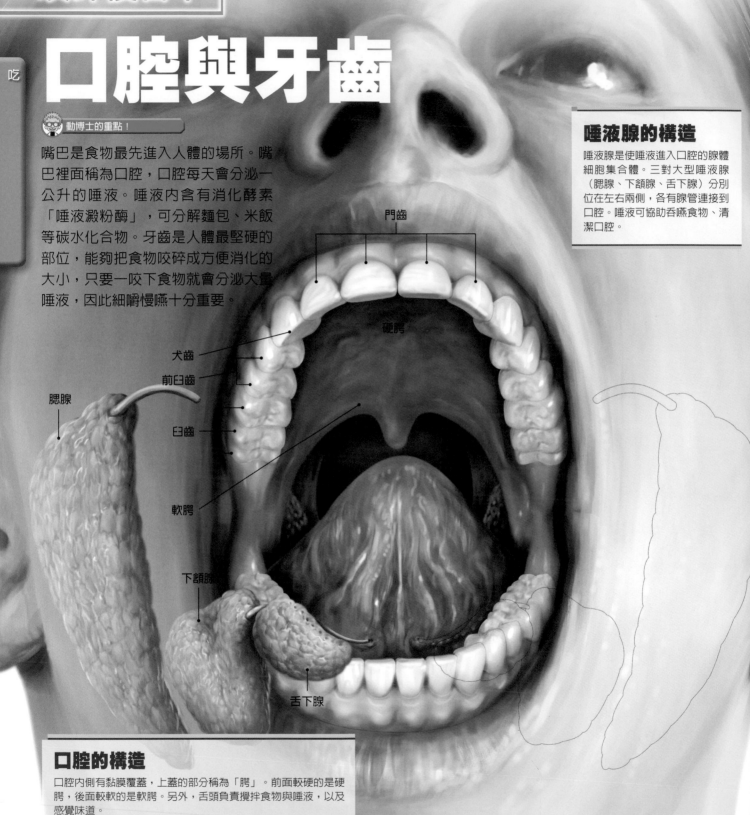

吃

口腔與牙齒

動博士的重點！

嘴巴是食物最先進入人體的場所。嘴巴裡面稱為口腔，口腔每天會分泌一公升的唾液。唾液內含有消化酵素「唾液澱粉酶」，可分解麵包、米飯等碳水化合物。牙齒是人體最堅硬的部位，能夠把食物咬碎成方便消化的大小，只要一咬下食物就會分泌大量唾液，因此細嚼慢嚥十分重要。

門齒

硬腭

犬齒

前臼齒

腮腺

臼齒

軟腭

下頷腺

舌下腺

唾液腺的構造

唾液腺是使唾液進入口腔的腺體細胞集合體。三對大型唾液腺（腮腺、下頷腺、舌下腺）分別位在左右兩側，各有腺管連接到口腔。唾液可協助吞嚥食物、清潔口腔。

口腔的構造

口腔內側有黏膜覆蓋，上蓋的部分稱為「腭」。前面較硬的是硬腭，後面較軟的是軟腭。另外，舌頭負責攪拌食物與唾液，以及感覺味道。

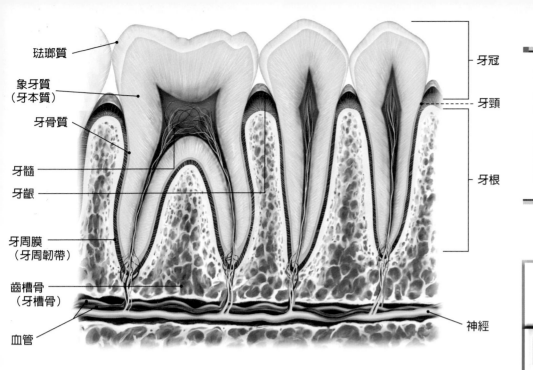

琺瑯質

象牙質
（牙本質）

牙骨質

牙髓

牙齦

牙周膜
（牙周韌帶）

齒槽骨
（牙槽骨）

血管

牙冠

牙頸

牙根

神經

牙齒的構造

牙齒分為牙冠、牙頸、牙根三部分。從剖面圖來看，牙齒大部分是象牙質（牙本質），牙冠外側覆蓋人體最堅硬的琺瑯質，牙根表面有一層牙骨質，兩者的分界上就是牙頸。牙齒內部的牙髓有血管和神經通過。將牙齒牢牢固定在齒槽骨的是牙周膜。

Q 人類是雜食性？

A 肉食性動物的口腔齒列多半有尖牙，方便咬斷肉類；草食性動物的口腔齒列多半是平牙。至於人類能夠吃肉也能夠吃菜，就是因為齒列如左邊介紹的，是由各種形狀牙齒組成。

▼肉食性動物鱷魚的牙齒。

▲草食性動物馬的牙齒。

牙齒的種類與用途

門齒	犬齒	前臼齒	臼齒

   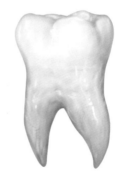

位在齒列正中央，負責咬斷食物。

位在門齒兩側，負責撕裂食物。

負責咬碎食物，也負責調整咬合位置與下巴的活動。

負責磨碎食物，也負責穩定咬合。

換牙的流程

大約從六歲起，下巴裡的成人牙「恆齒」就會長出牙胚，準備換牙。牙胚逐漸成長，最後出現破壞乳齒牙根的細菌，使乳齒脫落，同一個位置就會長出新的牙齒。

恆齒已經長在乳齒底下。

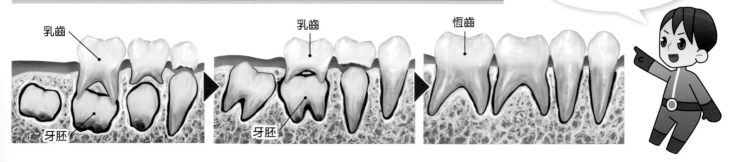

乳齒

牙胚

乳齒

牙胚

恆齒

利用酸性海消化並殺菌！

胃

 動博士的重點！

牙齒和唾液咀嚼磨碎後嚥下的食物，會從咽頭通過食道進入胃。胃會製造強酸液體「胃液」，分解消化肉類和魚類的蛋白質。你或許想問：「胃液能夠分解肉類的話，難道不會溶解胃嗎？」好問題！因為胃具有不輸給胃液的構造，所以用不著擔心。

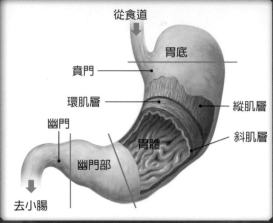

胃的入口（賁門）與出口（幽門）很窄，中間是膨脹的袋狀，分為胃底、胃體、幽門部這三部分。另外，胃的運動是斜肌層、環肌層、縱肌層這三層肌肉進行。

●胃黏膜

經常分布在胃的內側表面到肌肉外層之間的黏膜。

●黏液頸細胞

分泌黏液，保護胃不受胃液侵蝕。

●壁細胞

又稱為泌酸細胞，負責分泌鹽酸，殺死進入胃的細菌。

●主細胞

又稱為胃蛋白酶細胞，會分泌胃蛋白酶原。

Q 胃液有什麼功能？

A 胃液是由黏液、鹽酸、胃蛋白酶原這三種成分構成，分別來自黏液頸細胞、壁細胞、主細胞的分泌。鹽酸可使胃蛋白酶原變成胃蛋白酶，這個成分可消化蛋白質。另一方面，黏液是黏稠的物質，覆蓋在胃黏膜的表面，相對於強酸性的胃液，黏液含鹼性成分，能夠中和胃液，保護胃黏膜。胃黏膜沒有受損，是多虧有黏液頸細胞分泌黏液。

黏膜變薄導致胃潰瘍發生。

● 賁門

食道與胃的分界線上有賁門。這裡有稱為食道括約肌的平滑肌，可避免胃液逆流進入食道。

● 胃小凹

在電子顯微鏡下看到叫做胃小凹。人類的胃有很多胃小凹，從這裡產生胃液。

胃的運動

胃是三層構造的平滑肌（請見 P.29）進行著複雜的活動。幽門括約肌關閉期間，食物會被胃液分解成濃稠粥狀。等到充分混合後，幽門括約肌就會開啓，把食物（食糜）送進十二指腸。

幽門括約肌

食物停留在胃裡，分泌胃液。

胃的肌肉收縮，做出類似扭擰的動作（蠕動），混合食物與胃液。

等到充分混合後，幽門括約肌打開，把食物送出胃。

胰臟、膽囊、十二指腸

吃

動博士的重點!

食物通過胃之後來到小腸,最先抵達的位置是十二指腸。這裡有胰液、膽汁這兩種腺液幫助消化。胰液來自胰臟,膽汁是由膽囊分泌。另外,胰臟會分泌調節血液葡萄糖量的激素,具有不可或缺的調節身體功能。

●總膽管
濃縮膽汁由膽囊通過這裡運送。

●副胰管
胰管的分支,把胰液送到十二指腸小乳頭。

●運送胰液的管子

膽囊的作用

肝臟製造的膽汁儲存在膽囊裡,儲存期間還會將膽汁濃縮。人吃下食物,膽囊就會收縮,把膽汁送進十二指腸。

●十二指腸小乳頭
副胰管打開釋放胰液。

●胰管
把胰液運送到十二指腸大乳頭。

人體地圖

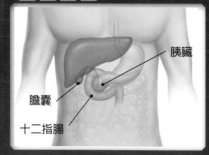

胰臟

膽囊

十二指腸

十二指腸是接續胃的小腸其中極小一部分,胰臟則是在胃的後面。膽囊是肝臟下方的小器官。

十二指腸的作用

因為這裡的大小只有十二根手指並列的長度,因此稱為十二指腸。胃消化過的食物加入胰液和膽汁等消化液混合之後,送進空腸。此外,十二指腸也會分泌增加胰臟分泌量的胰泌素、促進膽囊收縮的膽囊收縮素等激素。

●十二指腸大乳頭
胰管和總膽管一打開,胰液和膽汁就會混合釋出。

Q 胰臟裡面有座島？

A 胰臟有許多胰島，胰島是內分泌細胞的集合體。內分泌細胞們會分泌提高血液葡萄糖比例（血糖值）的升糖素、降低血糖值的胰島素（請見P.73）等激素。胰島素作用在人體細胞上，讓血液中的葡萄糖進入細胞，補充缺乏的能量。

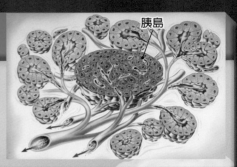

胰島

•來自胃
胃消化完的食物進來。

胰液的流動

Q 膽囊會長石頭？

A 膽囊產生的石頭稱為膽結石。膽汁中含有肝臟製造的膽固醇，膽固醇產生結晶，就會變成膽結石，最大甚至可達約 5 公分。

十二指腸裡有
好多皺褶！

胰液和膽汁的作用

十二指腸裡有胰臟製造的胰液及膽囊儲存的膽汁幫助消化。胰液含有分解蛋白質的消化酵素胰蛋白酶與胰凝乳蛋白酶、分解脂肪的胰脂肪酶、分解碳水化合物的胰澱粉酶。膽汁含有的膽酸能夠使脂肪變成乳狀，容易與水融合，幫助胰液的胰脂肪酶作用。另外，胰液和膽汁均屬於鹼性，能夠中和與胃液混合後變成酸性的食物。

胰澱粉酶　　胰蛋白酶、胰凝乳蛋白酶　　胰脂肪酶

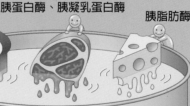

胰　液

•前往小腸（空腸、迴腸）

吃

小腸

 動博士的重點！

小腸是體內最長的器官，拉直之後甚至可達 6～7 公尺，遠遠超過一個人的身高。小腸的功用是吸收食物的營養，換句話說，小腸才是消化系統的主角，因此小腸有許多為了更方便消化吸收而存在的驚人設計。

人體地圖

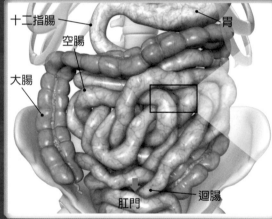

十二指腸
空腸
大腸
胃
肛門
迴腸

小腸是由十二指腸、空腸、迴腸這三部分構成。大致上來說，空腸位在小腸左上方，迴腸相當於在小腸右下方，不過沒有明確的分界。食物通過小腸，營養被吸收完畢後，就會前往大腸。

● 環狀皺襞

皺褶是一圈圈的環狀分布。

Q 使小腸更容易吸收的祕訣是什麼？

A 為了拓展小腸內側的吸收表面積，因此腸道內有許多環狀皺襞（皺褶）。用電子顯微鏡觀察，就會發現表面有無數的絨毛，而且每個絨毛上還有一層微絨毛覆蓋。這些構造使小腸的面積變成肉眼所看到的一百二十倍。

小腸展開攤平之後，大約有半個羽球場那麼大。

Q 絨毛吸收的是什麼？

A 絨毛的表面覆蓋一層圓柱形細胞，稱為吸收性上皮細胞。肉類等蛋白質在胰液（請見 P.45）的作用下分解成胺基酸之後，就被吸收性上皮細胞吸收，運送到微血管內。米飯和麵包等碳水化合物在唾液和胰液的作用下，分解成葡萄糖等，同樣被微血管吸收。多數脂肪在胰液和膽汁的作用下分解，變成脂肪酸和甘油，被微淋管（請見 P.102）吸收，隨著淋巴液一起流動。

電子顯微鏡下看到的絨毛。

小腸的長度有 6～7 公尺喔！

絨毛的表面還有更細小的微絨毛。

腸子大約有一億個神經細胞，因此也稱為「第二個腦」。

微淋管

微血管

微絨毛

吸收性上皮細胞

絨毛的剖面

腸壁內，成網格狀分布的神經細胞本身就掌管重要的消化、吸收功能，並非接收來自腦的指令。

小腸與免疫系統

吃

細菌和病毒等容易隨著食物一起入侵腸道。因此，全身的免疫細胞大約有七成都集中在腸道。免疫細胞一邊與其他細胞交換各種訊息，一邊對抗外來的病原體等，保護人體健康。

免疫細胞和上皮細胞利用介白素 IL-22 對話。

●抗菌肽

上皮細胞接收到介白素 IL-22，就會分泌出殺菌物質「抗菌肽」。

位在吸收性上皮細胞的協助性 T 細胞釋放出介白素 IL-22。

●利用殺菌物質擊退外敵！

腸壁內側集合著大量的免疫細胞。免疫細胞一感應到外敵入侵，就會發出「攻擊病原體」的訊息，釋放介白素 IL-22 物質。排列在小腸絨毛表面的吸收性上皮細胞一接收到介白素 IL-22，就會噴出抗菌物質「抗菌肽」，擊退入侵腸內的病原體。

●樹突細胞

免疫細胞的一種，靠吃下細菌等吸收病原體情報，並把情報傳給協助性 T 細胞。

●M細胞

抓住細菌等。

細胞

●B細胞

免疫細胞的一種。一收到來自協助性 T 細胞的攻擊指令，就會分化變成可製造抗體的細胞。

免疫細胞需要訓練？

A 培氏斑表面有稱為 M 細胞的特殊細胞。M 細胞會包覆並抓住大腸菌等的細菌和病毒。M 細胞內塞滿了免疫細胞之一的協助性 T 細胞，可接收細菌等的病原體情報。免疫細胞利用這些情報，學習該細菌屬於「盟友」或「敵人」。

●**抗體**

負責攻擊細菌和病毒等，此外也負責維持腸內細菌的平衡。

Q 什麼是培氏斑（Peyer's patch）？

A 小腸內側密密麻麻覆蓋一層絨毛，絨毛之間有些沒有絨毛的圓頂形區域，稱為培氏斑（或培氏淋巴結），是免疫細胞的集合體。培氏斑內側聚集著協助性 T 細胞、B 細胞等免疫細胞。

細菌

受過訓練的免疫細胞隨著血液走遍全身，對抗體內的病原體！

收到協助性 T 細胞的指令後，分化形成的 B 細胞，製造並分泌抗體。

●**協助性T細胞**

免疫細胞之一。培氏斑內側、吸收性上皮細胞與 M 細胞裡面塞滿大量的協助性 T 細胞。

●**免疫細胞的合作**

協助性 T 細胞一取得「這個病原體是敵人」的抗原情報，就會下令 B 細胞「攻擊外敵」。於是，B 細胞分化成能夠製造抗體的細胞，腸內分泌抗體，攻擊病原體。

免疫細胞會使用各式各樣的物質與細胞互相聯絡！

吃

大腸

動博士的重點！

食物進入食道，通過胃和小腸，最後抵達的就是大腸。大腸主要負責吸收水分，吸收小腸送來的內容物水分，把食物殘渣變成糞便。另外，大腸有許多腸道細菌，協助大腸工作。

Q 糞便的真面目是？

A 糞便是由大約 75 ～ 80％的水分，以及大約 20 ～ 25％的固態成分所構成。固態成分約有一半是腸道細菌，剩下的另一半是食物殘渣與腸壁脫落的黏膜。一公克的糞便之中，據說大約有一兆個腸道細菌。

人體地圖

大腸

小腸   肛門

大腸的長度約 1.5 公尺，比小腸短但直徑較粗。食物進入大腸會依序通過盲腸、升結腸、橫結腸、降結腸、乙狀結腸、直腸。

●橫結腸
在腸道細菌的作用下，把糞便變成糞便該有的樣子。

●升結腸
吸收水分，使糞便變得略硬。

●迴盲括約肌（或迴盲瓣）

●盲腸
進入大腸後第一個抵達的部位。入口有迴盲瓣阻止內容物逆流。

●闌尾
闌尾的黏膜底下有許多淋巴球和白血球（請見 P.66）等聚集在此，與腸道免疫息息相關。食物一旦堆積在這裡，就會引發闌尾炎。

●直腸
大腸最後的部分。糞便進入這裡，就會變成我們常見的糞便。

●結腸帶
位在結腸表面，縱肌集合成的帶狀構造。

●降結腸
不太吸收水分，負責把糞便往下送。

●乙狀結腸
糞便堆積在這裡。

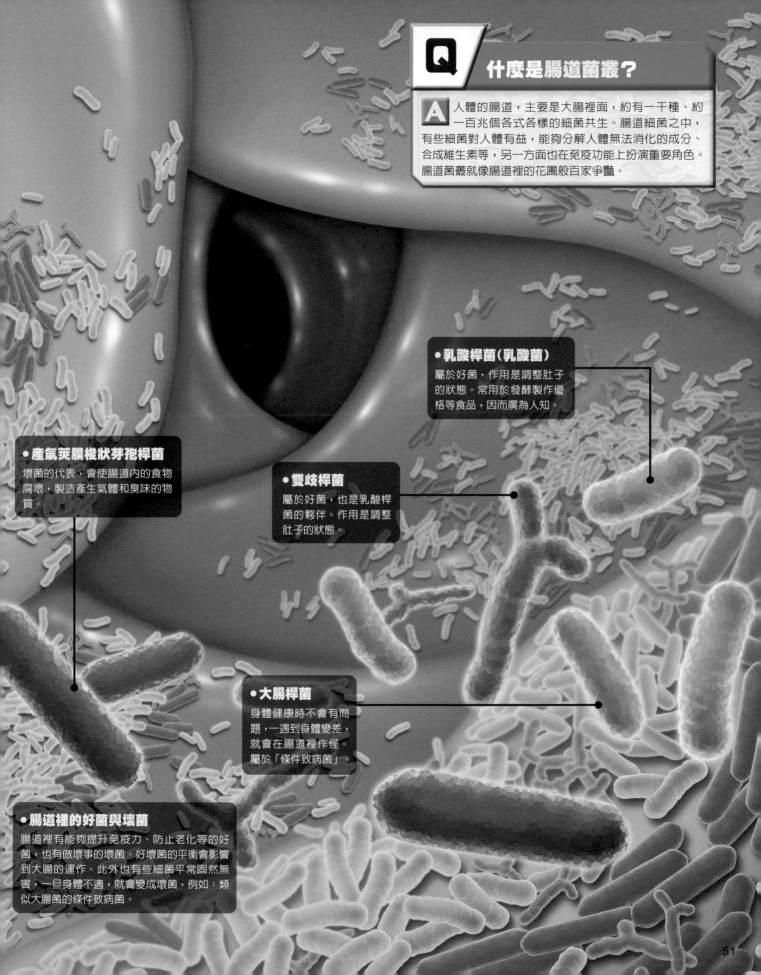

什麼是腸道菌叢？

A 人體的腸道，主要是大腸裡面，約有一千種、約一百兆個各式各樣的細菌共生。腸道細菌之中，有些細菌對人體有益，能夠分解人體無法消化的成分、合成維生素等，另一方面也在免疫功能上扮演重要角色。腸道菌叢就像腸道裡的花園般百家爭豔。

•乳酸桿菌（乳酸菌）
屬於好菌，作用是調整肚子的狀態。常用於發酵製作優格等食品，因而廣為人知。

•產氣莢膜梭狀芽孢桿菌
壞菌的代表，會使腸道內的食物腐壞，製造產生氣體和臭味的物質。

•雙歧桿菌
屬於好菌，也是乳酸桿菌的夥伴。作用是調整肚子的狀態。

•大腸桿菌
身體健康時不會有問題，一遇到身體變差，就會在腸道裡作怪。屬於「條件致病菌」。

•腸道裡的好菌與壞菌
腸道裡有能夠提升免疫力、防止老化等的好菌，也有做壞事的壞菌。好壞菌的平衡會影響到大腸的運作。此外也有些細菌平常固然無害，一旦身體不適，就會變成壞菌，例如：類似大腸菌的條件致病菌。

51

保護身體！

腸道細菌與免疫細胞

動博士的重點！

對抗病原體的免疫細胞（請見 P.104）一旦失控，就會攻擊自己的身體導致受傷。這種情況稱為過敏。目前已知免疫細胞中，有能夠抑制免疫細胞失控、負責煞車的細胞，也就是調節性 T 細胞，而調節性 T 細胞的誕生與腸道細菌的作用息息相關！

● 免疫系統的盟友──乳酸桿菌

能夠增加調節性 T 細胞的，並非只有梭菌屬，科學家認為乳酸桿菌也能夠強化或抑制免疫力，另外還能夠刺激 B 細胞，增加抗體（請見 P.49、108）的分泌，乳酸桿菌對於維持腸道菌叢的平衡十分重要。

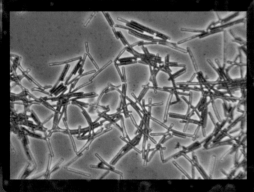

Q 什麼是免疫功能的煞車──調節性 T 細胞（Treg）？

A 免疫細胞的作用如果太強，不只是病原體，甚至會傷害身體本身。免疫系統有強化作用的油門之外，還需要抑制作用的煞車。而負責擔任煞車的，就是稱為調節性 T 細胞的免疫細胞。調節性 T 細胞會對攻擊身體本身的免疫細胞，釋出傳達「冷靜下來」訊息的物質，抑制免疫系統失控。

調節性 T 細胞釋放出抑制免疫功能失控的物質。

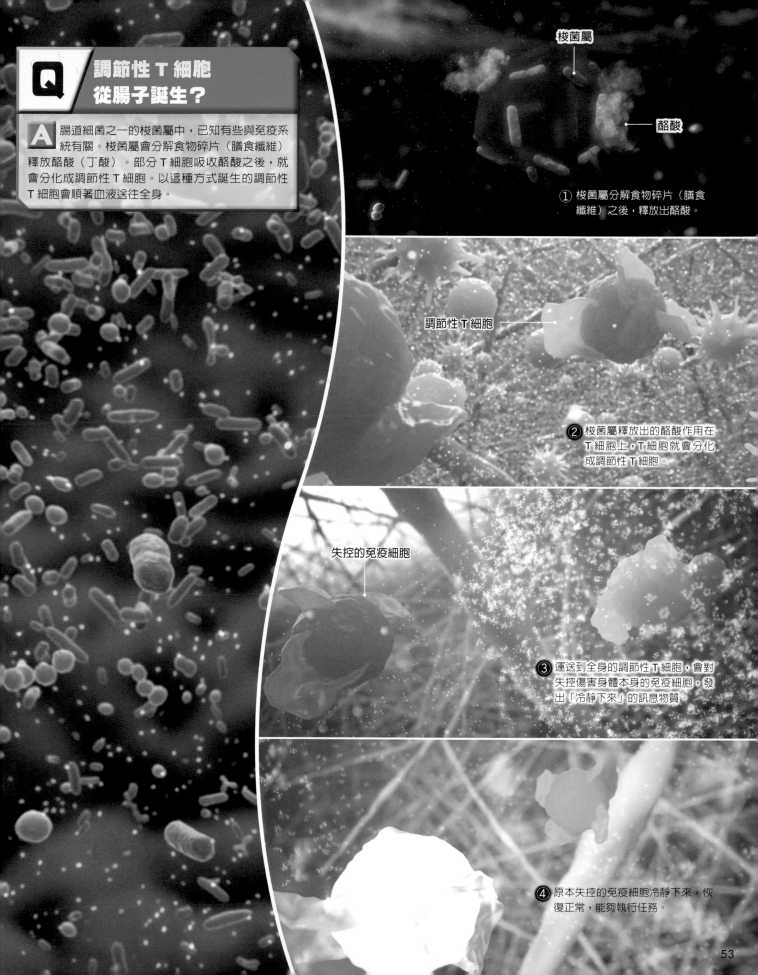

調節性 T 細胞
從腸子誕生？

A 腸道細菌之一的梭菌屬中，已知有些與免疫系統有關。梭菌屬會分解食物碎片（膳食纖維）釋放酪酸（丁酸）。部分 T 細胞吸收酪酸之後，就會分化成調節性 T 細胞。以這種方式誕生的調節性 T 細胞會順著血液送往全身。

梭菌屬

酪酸

① 梭菌屬分解食物碎片（膳食纖維）之後，釋放出酪酸。

調節性 T 細胞

② 梭菌屬釋放出的酪酸作用在 T 細胞上，T 細胞就會分化成調節性 T 細胞。

失控的免疫細胞

③ 運送到全身的調節性 T 細胞，會對失控傷害身體本身的免疫細胞，發出「冷靜下來」的訊息物質。

④ 原本失控的免疫細胞冷靜下來，恢復正常，能夠執行任務。

53

肝臟

 動博士的重點！

人體最大的器官「肝臟」又稱為人體化學工廠，這裡負責製造蛋白質、分解氨等，具有各式各樣的用途，據說超過五百種功能，即使現代醫療技術再進步，也難以利用人工裝置重現肝臟的所有功能。肝臟可說是人體不可或缺的超級器官。

吃

肝臟主要的功能

●調節血糖值

調節血液內的營養份量（血糖值），將葡萄糖轉換成肝醣儲存，或把肝醣恢復成葡萄糖釋出。

← 葡萄糖　　肝醣 →

●代謝

胃和小腸吸收的養分通過肝門靜脈，在肝臟轉換蛋白質、醣類、脂質等，這個過程稱為代謝，此時產生的熱，可用來維持體溫。

36.0℃

●分解氨

小腸、大腸、腎臟產生的有害物質氨經由肝門靜脈送進肝臟，轉換成毒性較低的尿素。尿素進入腎臟，就會變成尿液。

●製造膽汁

肝臟製造膽汁，使脂肪變成乳狀，容易與水融合。膽汁由膽管進入膽囊，暫時儲存在此，再由十二指腸分泌使用。

●衰老紅血球的再利用

脾臟（請見 P.103）破壞老舊紅血球（請見 P.67），經由肝門靜脈送到肝臟。肝臟分解血紅素，變成膽紅素和鐵質。鐵質被人體吸收，膽紅素則變成膽汁，供人體再次利用。

肝細胞與肝小葉

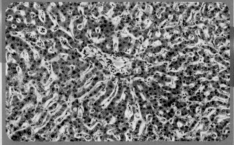

構成肝臟的小細胞集合成約 1 公釐的六角形組織，就是肝小葉。每個肝小葉都是一座小型化學工廠。底下的插圖是簡單明瞭的肝小葉構造。

●肝門靜脈

來自胃與小腸等消化系統的靜脈，內含許多吸收來的營養。

●膽管

將肝臟製造的膽汁送往膽囊。

膽汁

營養

氧氣

●肝動脈

把氧氣（動脈血）送到肝臟的血管。肝小葉附近的肝動脈稱為「小葉間動脈」。

除了這裡介紹的功能之外，據說肝臟有 500 個以上的用途。

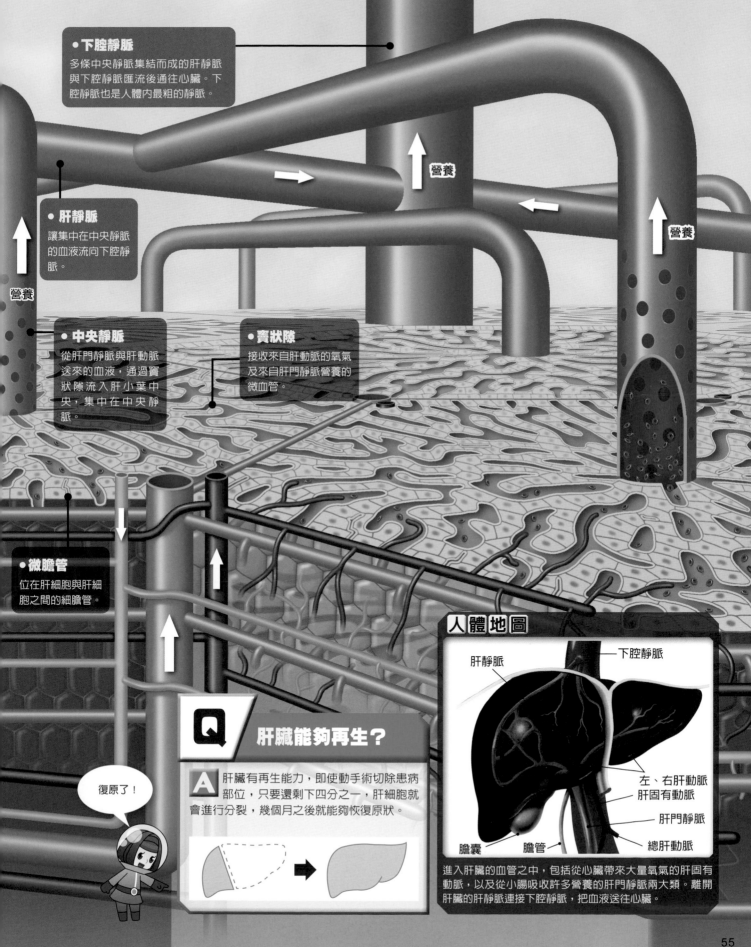

● 下腔靜脈
多條中央靜脈集結而成的肝靜脈與下腔靜脈匯流後通往心臟。下腔靜脈也是人體內最粗的靜脈。

● 肝靜脈
讓集中在中央靜脈的血液流向下腔靜脈。

營養

營養

營養

● 中央靜脈
從肝門靜脈與肝動脈送來的血液，通過竇狀隙流入肝小葉中央，集中在中央靜脈。

● 竇狀隙
接收來自肝動脈的氧氣及來自肝門靜脈營養的微血管。

● 微膽管
位在肝細胞與肝細胞之間的細膽管。

復原了！

Q 肝臟能夠再生？

A 肝臟有再生能力，即使動手術切除患病部位，只要還剩下四分之一，肝細胞就會進行分裂，幾個月之後就能夠恢復原狀。

人體地圖

肝靜脈 ── 下腔靜脈

左、右肝動脈
肝固有動脈
肝門靜脈
膽囊　膽管　總肝動脈

進入肝臟的血管之中，包括從心臟帶來大量氧氣的肝固有動脈，以及從小腸吸收許多營養的肝門靜脈兩大類。離開肝臟的肝靜脈連接下腔靜脈，把血液送往心臟。

消化系統藝廊

吃

動博士的重點！

動物吃的東西不同，腸胃的構造與長度也不同。動物之所以有各式各樣的消化功能，都是為了配合食物。另外，體型大小與活動量，也會影響到食量、糞便量與糞便形狀。我們就來瞧瞧這些動物吃什麼、如何消化吧。

烹調過才食用的人類

人類是雜食性，可吃蔬菜、肉類等各式各樣的東西。這些食材會經過烹煮，變成方便食用的形式後吃下。人類每天平均排出一～兩次糞便。

人類

一天吃三百公斤？
非洲象

非洲象是草食性動物。體型較大的雄象每天可吃 300 公斤的草，換算成壓實的飼料草時，就是三輛鐵牛拖車載運的份量。

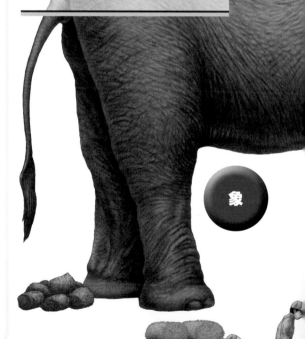

牛

吐出後再度咀嚼？
牛的反芻

牛屬於反芻動物。「反芻」是指進入胃裡的東西來到口腔中重新咀嚼後，再度回到胃裡的行為，而且這樣的行為會重複很多次。草類纖維難以消化，因此牛必須咀嚼許多次，才能夠分解纖維。

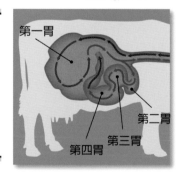

第一胃

第二胃

第三胃

第四胃

象

Q 牛有四個胃？

A 牛有四個胃。第一胃是靠微生物的力量分解草的纖維，第二胃是協助第一胃。第三胃、第四胃則是把草消化成小分子送進腸裡。牛每天大約會排出 20 ～ 50 公斤的糞便，並且分十次左右排泄。

靠沙子消化？鴿子

鴿子等鳥類沒有牙齒，因此以稱為「砂囊」的器官，利用跟著食物一起吃下的沙子磨碎食物。而且為了保持身體輕巧，消化完的食物立刻就會排出。

鴿子

砂囊

大約一輛小貨車份量的竹子？大貓熊

貓熊主要吃竹子。人工飼養的貓熊，每天會吃下約 30 公斤的竹子，包括竹竿部分，這個份量相當於一輛小貨車的車斗裝到隆起。貓熊的糞便一天約 20 公斤，呈現綠色，而且有竹子味。

貓熊

Q 每種動物的腸子長度不同嗎？

A 跟肉類相比，草類比較難以消化，因此綿羊等草食性動物，擁有很長的腸子，用來花時間慢慢消化食物。但是，只吃竹子的貓熊，腸子則是跟獅子一樣短。因為貓熊是熊的夥伴，原本是肉食性動物，演化的結果使得貓熊即使腸子很短，也能夠從植物攝取到所需的營養。

體長的 25 倍

體長的 4 倍

體長的 4 倍

完全不吃植物？獅子

獅子是肉食性動物，因此主要吃肉。肉容易消化，所以牠們的腸子比草食性動物短，糞便也比草食性動物少，一天大約 700 公克。

獅子

CIRCUL
SYSTEM

第 3 章

能量與資訊
的網路

血管遍布人類身體各處。紅色血液搬運透過呼吸獲得的氧氣,以及透過吃飯
獲得的能量,送到全身,並且到處收集不需要的廢物。血液搬運的不是只有
這些,還搬運來自體內細胞與器官發出的各種訊息物質。血液的流動正是傳
送資訊的網路。

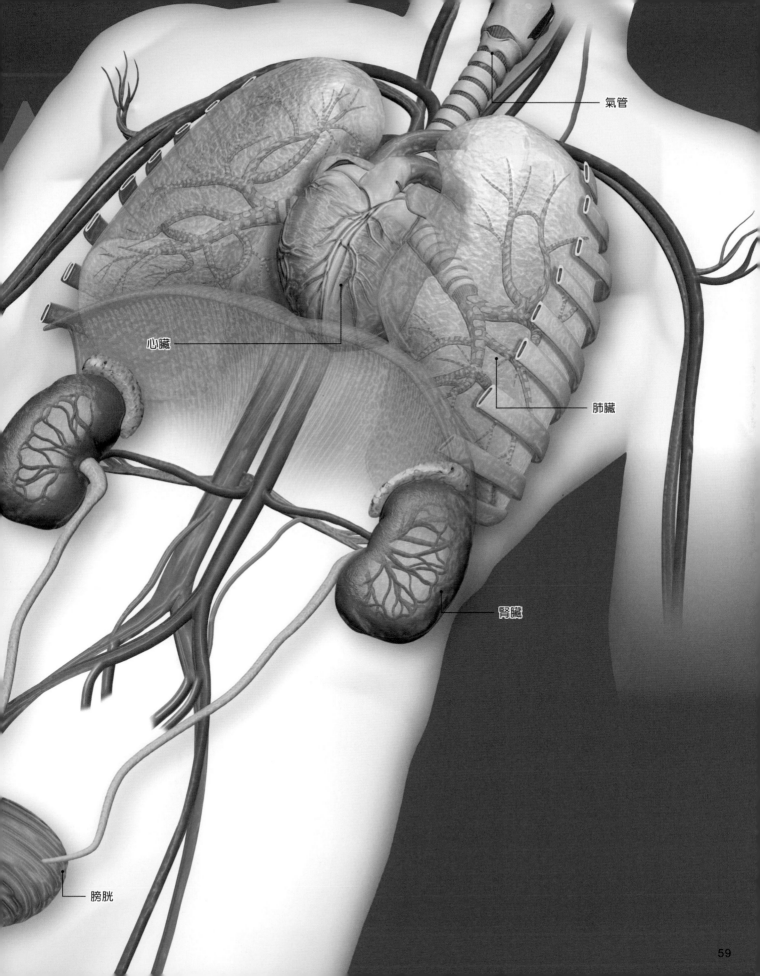

氣管

心臟

肺臟

腎臟

膀胱

腦需要相當大量的氧氣！

●腦

人體吸收至體內的氧氣，約有20%是用在腦。把氧氣送到腦，能夠活絡腦的神經細胞；一旦缺之專注力或記憶力衰退時，只要血液把葡萄糖和氧氣送到腦，並帶走不需要的二氧化碳和老舊廢物，就能夠恢復腦力。

●肺臟

驅動細胞和器官的能量，多半是用氧氣製造出來。呼吸能夠使空氣中的氧氣通過肺臟，進入血液，吐出不需要的二氧化碳。

流向全身的血液之旅

循環系統 的作用

動博士的重點！

把氧氣和營養等必需品送到人體各器官的是走遍全身的血液。血液的通道——血管，以及像幫浦一樣送出血液的心臟，合起來統稱循環系統。循環系統除了運送必要物資之外，還負責從各處收集二氧化碳等身體不需要的廢物。

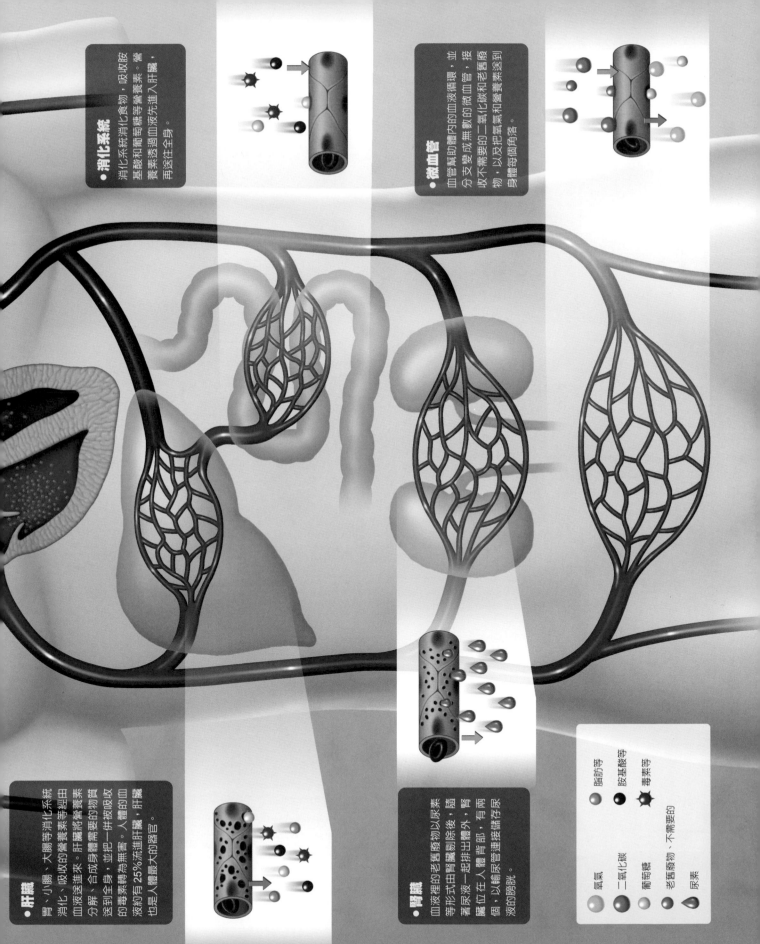

● 消化系統
消化系統消化食物，吸收養分。基酸和葡萄糖等營養素透過血液送往全身。營養素先進入肝臟，再送往全身。

● 微血管
血管幫助體內的血液循環，並分支變成無數的微血管，接收不需要的二氧化碳和老舊廢物，以及把氧氣和營養素送到身體每個角落。

● 肝臟
胃、小腸、大腸等消化系統消化、吸收的營養素等經由血液送進來。肝臟將營養素分解、合成身體需要的物質送到全身，並把一併吸收的毒素轉為無害。人體的血液約有25%流進肝臟，肝臟也是人體最大的器官。

● 腎臟
血液裡的老舊廢物以尿素等形式由腎臟剔除，隨著尿液一起排出體外，腎臟位在人體背部，有兩個，以輸尿管連接儲存尿液的膀胱。

脂肪等
胺基酸等
毒素等
氧氣
二氧化碳
葡萄糖
老舊廢物、不需要的
尿素

與血液交換氧氣

肺臟

 動博士的重點！

從空氣中吸收的氧氣在體內使用完畢後，最後會變成二氧化碳，換言之二氧化碳是垃圾。人體需要的氧氣與不需要的二氧化碳進行交換的場所就是肺臟。肺臟有肺泡，幫助氣體交換進行得更順利。另外，空氣中有致病的病毒和細菌等，因此肺臟還擁有排除那些物質的構造。

Q 嘆氣
不會不幸？

A 一般常說「嘆氣會不幸」，但事實上嘆氣可以使人體因為壓力等而變淺的呼吸恢復正常，大大吐氣反而能夠把二氧化碳排出體外，吸入新鮮空氣。

人體地圖

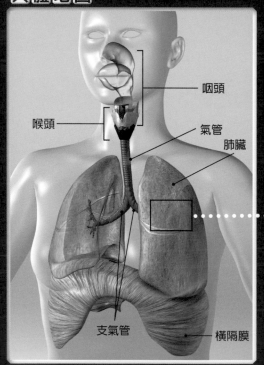

咽頭
喉頭
氣管
肺臟
支氣管
橫隔膜

空氣經由口鼻→咽頭→喉頭→氣管→支氣管→肺臟的順序進入人體，反過來再以相同的路徑排出體外。協助呼吸的肌肉就是連接肋骨與肋骨的肋間內、外肌，以及橫隔膜。

●氣管

氣管分為左、右主支氣管進入肺臟，接著各自分支二十次，變成細支氣管，細支氣管末端是球形的肺泡。氣管與支氣管由軟骨支撐。

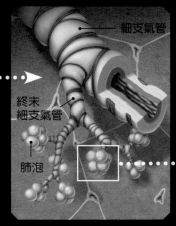

細支氣管
終末細支氣管
肺泡

▲支氣管末端的情況。

血流中含有大量二氧化碳的微血管

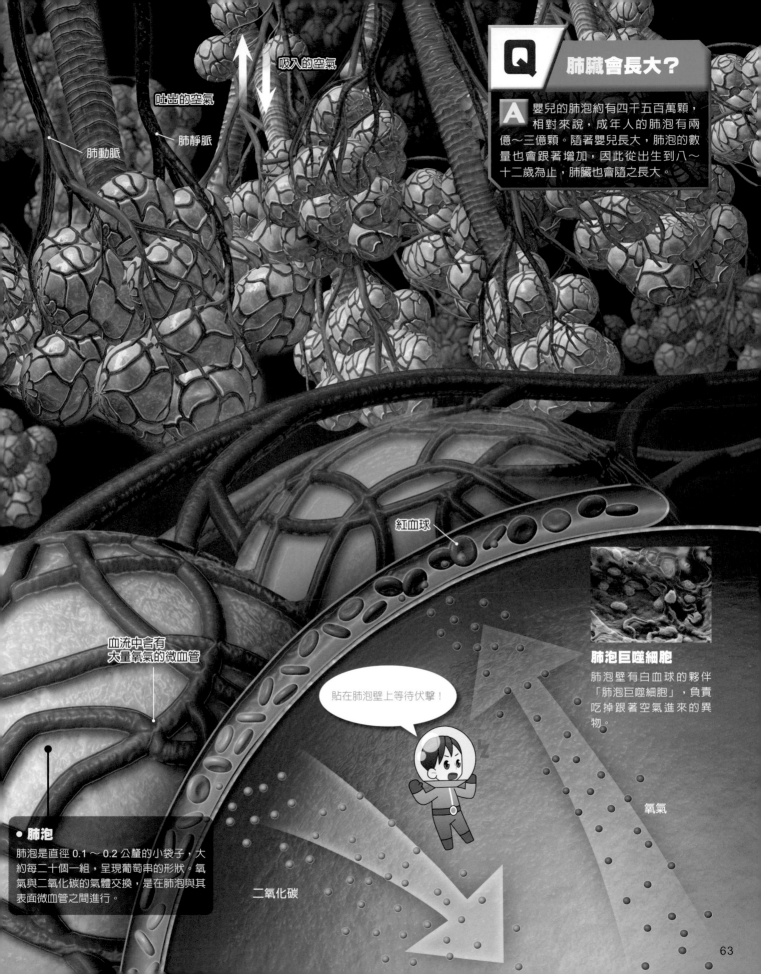

吸入的空氣

吐出的空氣

肺動脈

肺靜脈

Q 肺臟會長大？

A 嬰兒的肺泡約有四千五百萬顆，相對來說，成年人的肺泡有兩億～三億顆。隨著嬰兒長大，肺泡的數量也會跟著增加，因此從出生到八～十二歲為止，肺臟也會隨之長大。

紅血球

血流中含有
大量氧氣的微血管

肺泡巨噬細胞
肺泡壁有白血球的夥伴「肺泡巨噬細胞」，負責吃掉跟著空氣進來的異物。

貼在肺泡壁上等待伏擊！

氧氣

● **肺泡**
肺泡是直徑 0.1 ～ 0.2 公釐的小袋子，大約每二十個一組，呈現葡萄串的形狀。氧氣與二氧化碳的氣體交換，是在肺泡與其表面微血管之間進行。

二氧化碳

不喊累也不懂休息

心臟

能量與資訊的網路

 動博士的重點！

血液通過肺臟之後，充滿許多氧氣，為了把這些氧氣送往全身，血液接下來將展開一場大長征。把這些血液送往全身是心臟的任務。心臟是一整塊的肌肉，一輩子不停地收縮與放鬆，利用這種方式，像幫浦一樣把血液推送到全身，次數是每分鐘大約六十～一百二十次。心臟是不知道喊累的工作狂。

瓣膜可阻止血液逆流。

上腔靜脈

肺靜脈

右心房

三尖瓣

右心室

下腔靜脈

人體地圖

每個人的心臟，大約就比自己的拳頭略大一點。心臟的位置靠近胸部中央，就在左、右肺之間。

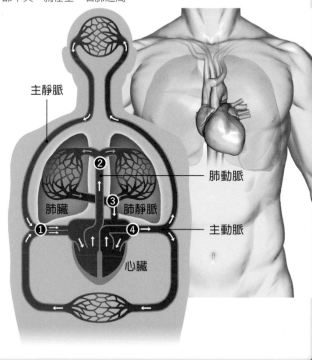

主靜脈

② 肺動脈

③ 肺靜脈

肺臟

① ④ 主動脈

心臟

循環全身的血液，通過①主靜脈血管進入心臟，再由②肺動脈進入肺臟，進行二氧化碳與氧氣交換，接著通過③肺靜脈回到心臟，最後透過④主動脈送往全身。進入心臟的血管是「靜脈」，離開心臟的血管是「動脈」。

● 心臟傳導系統

心臟裡有四個房間。最先是上面兩個（右心房與左心房）收縮，緊跟著下面兩個（右心室與左心室）收縮。收縮的時間點和速度，由右心房的特殊心肌「竇房結」決定。竇房結下的指令，通過遍布心臟的特殊心肌通道（心臟傳導系統），瞬間送達心室。

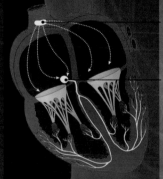

竇房結

房室結

※ 黃線是心臟傳導系統。

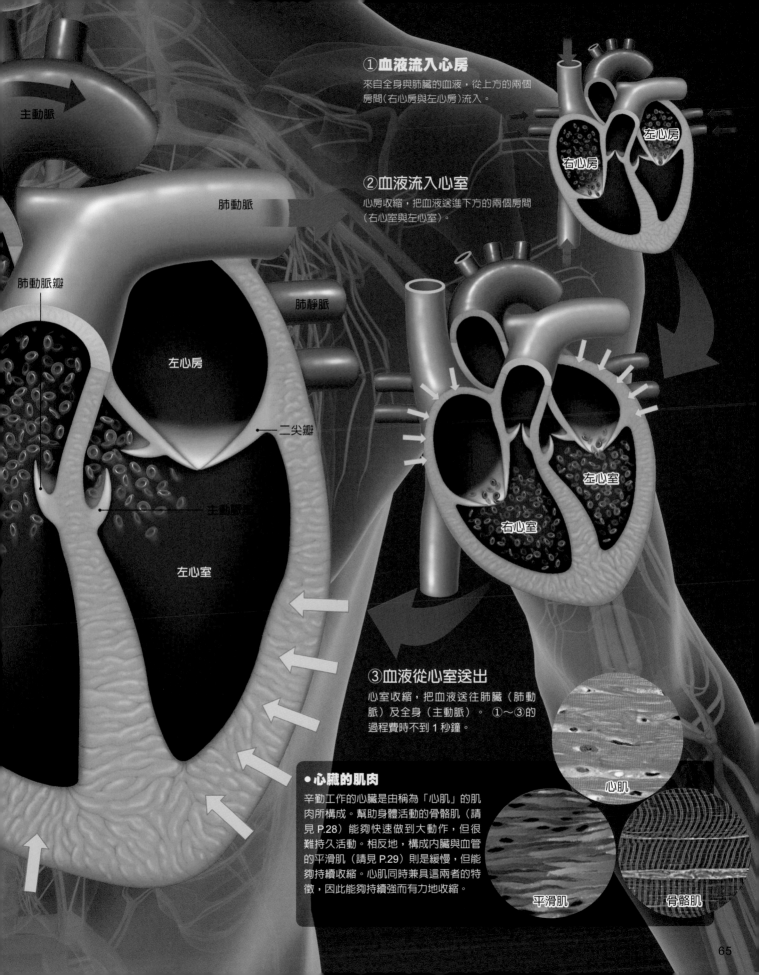

主動脈

肺動脈

肺動脈瓣

肺靜脈

左心房

二尖瓣

主動脈瓣

左心室

①血液流入心房
來自全身與肺臟的血液，從上方的兩個
房間（右心房與左心房）流入。

右心房

左心房

②血液流入心室
心房收縮，把血液送進下方的兩個房間
（右心室與左心室）。

左心室

右心室

③血液從心室送出
心室收縮，把血液送往肺臟（肺動
脈）及全身（主動脈）。 ①～③的
過程費時不到 1 秒鐘。

●心臟的肌肉
辛勤工作的心臟是由稱為「心肌」的肌
肉所構成。幫助身體活動的骨骼肌（請
見 P.28）能夠快速做到大動作，但很
難持久活動。相反地，構成內臟與血管
的平滑肌（請見 P.29）則是緩慢，但能
夠持續收縮。心肌同時兼具這兩者的特
徵，因此能夠持續強而有力地收縮。

心肌

平滑肌

骨骼肌

血液

 動博士的重點！

一位成年人體內血管加起來的總長度約有十萬公里，相當於繞地球兩圈！在這些血管裡流動的血液繞行全身，把氧氣和營養送到各處、帶走不需要的東西，大約費時一分鐘。對人體來說，血液十分重要，而且很難人工製造，因此受重傷或進行大手術需要的血液，只能夠由其他人捐血提供。

我是對抗邪惡的白血球！

我是把氧氣送往全身的紅血球！

●血球是在骨頭裡製造

血球是由骨頭深處的骨髓製造。隨著年紀愈大，脂肪增加，造血的骨髓就會減少，但胸骨和骨盤仍會繼續製造血球。另外，胎兒的肝臟和脾臟（請見 P.103）也會製造血球。

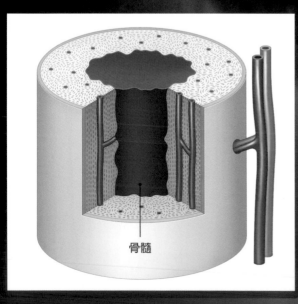

骨髓

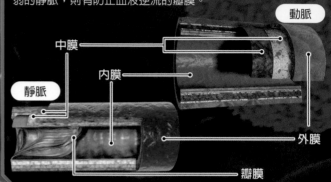

Q 動脈與靜脈的構造不同嗎？

A 動脈和靜脈都是由內膜（內皮細胞）、中膜（平滑肌）、外膜（膠原纖維）的三層構造所構成。血液流動力道強的動脈，有發達的平滑肌（請見 P.29）；另一方面，流動力道弱的靜脈，則有防止血液逆流的瓣膜。

動脈

中膜

內膜

靜脈

外膜

瓣膜

●白血球

負責擊退進入體內的病毒和細菌。在血管和淋巴管裡巡邏全身。

● 血紅素

在肺臟吸收的氧氣，與紅血球內稱為「血紅素」的蛋白質結合。血液的紅色是因為帶有血紅素的紅色色素。紅血球能夠把氧氣送往全身，就是這個血紅素的功勞。

▲血紅素。

● 血小板

受傷流血時，血小板會優先聚集在傷口處，堵住傷口止血。

● 血球與血漿

血液大約有一半是血球，包括紅血球、白血球、血小板。剩下的另一半是血漿液體。血漿負責運送二氧化碳、營養、不需要的物質等。

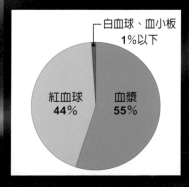

白血球、血小板
1%以下

紅血球
44%

血漿
55%

● 紅血球

血液約有40%是紅血球。負責在肺臟取得氧氣，送往全身，再把二氧化碳送到肺臟。

製造乾淨血液的篩網

腎臟

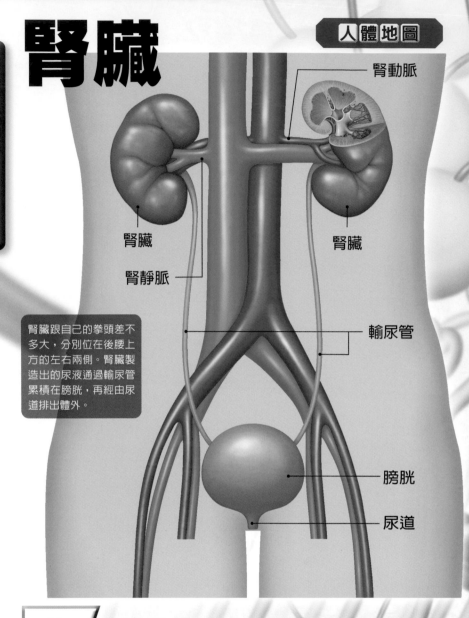

人體地圖

腎動脈

腎臟

腎臟

腎靜脈

輸尿管

膀胱

尿道

腎臟跟自己的拳頭差不多大，分別位在後腰上方的左右兩側。腎臟製造出的尿液通過輸尿管累積在膀胱，再經由尿道排出體外。

動博士的重點！

血液行走全身時，血液裡會累積身體不需要的物質（老舊廢物）。負責過濾這些老舊廢物的，就是腎臟。一顆腎臟有大約一百萬個腎元組織，負責過濾老舊廢物。腎臟會把濾除的老舊廢物和多餘水分變成尿液送進膀胱，過濾乾淨的血液則會送回心臟。

● 尿液的形成

腎小體製造的腎絲球過濾液，通過近曲小管，在 U 字形的亨利氏環轉彎，經過遠曲小管，最後在集尿管集合，流進輸尿管。照著這樣的路徑走，水分和鈉等就會再度被微血管吸收，製造出尿液。對腎絲球過濾液進行過濾再吸收的基本單位，稱為腎元。

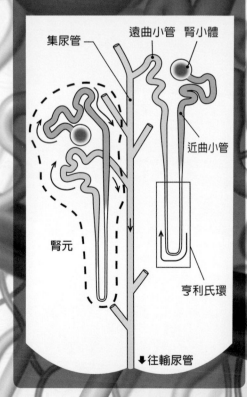

集尿管

遠曲小管　腎小體

近曲小管

腎元

亨利氏環

↓往輸尿管

Q　腎小管與微絨毛

A 腎絲球過濾液通過的近曲小管內側管壁上，長滿細小的微絨毛，微絨毛的表面有無數的幫浦，各幫浦有固定吸收的成分，如：人體需要鹽分（鈉）的時候，吸收鹽分的幫浦就會活躍。其他還有鉀、鈣、鎂、磷、氫離子、尿酸等成分，幫浦會根據各器官送來的資訊，再次吸收最恰當的份量。

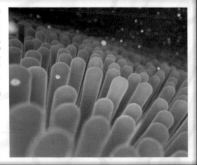

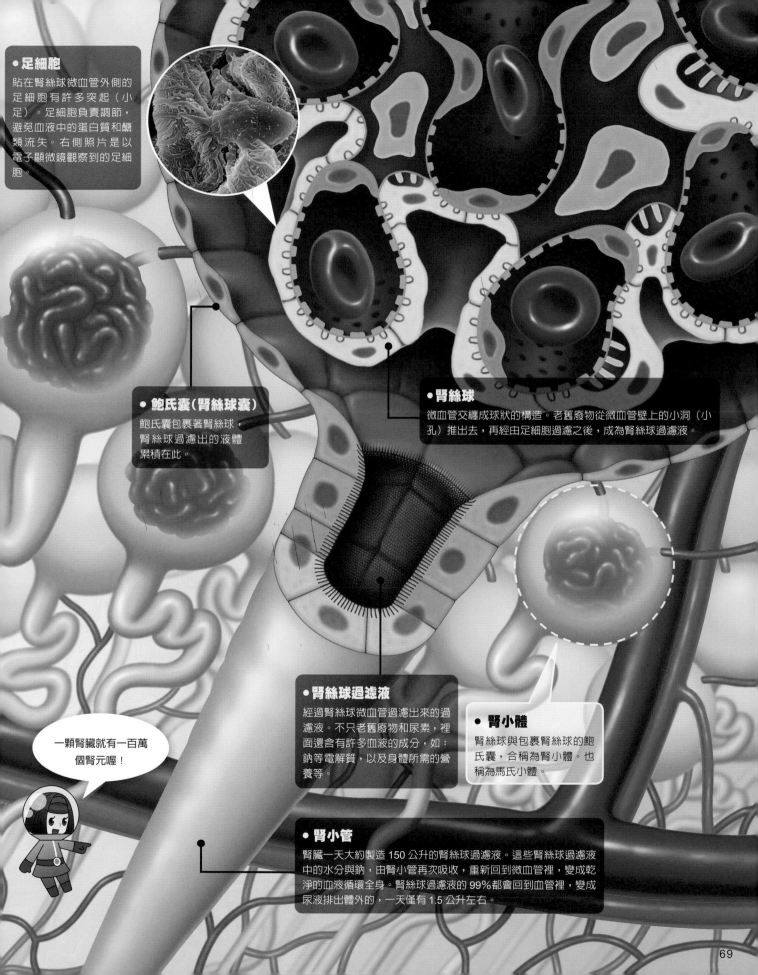

● 足細胞

貼在腎絲球微血管外側的足細胞有許多突起（小足）。足細胞負責調節，避免血液中的蛋白質和醣類流失。右側照片是以電子顯微鏡觀察到的足細胞。

● 鮑氏囊（腎絲球囊）

鮑氏囊包裹著腎絲球，腎絲球過濾出的液體累積在此。

● 腎絲球

微血管交纏成球狀的構造。老舊廢物從微血管壁上的小洞（小孔）推出去，再經由足細胞過濾之後，成為腎絲球過濾液。

一顆腎臟就有一百萬個腎元喔！

● 腎絲球過濾液

經過腎絲球微血管過濾出來的過濾液。不只老舊廢物和尿素，裡面還含有許多血液的成分，如：鈉等電解質，以及身體所需的營養等。

● 腎小體

腎絲球與包裹腎絲球的鮑氏囊，合稱為腎小體。也稱為馬氏小體。

● 腎小管

腎臟一天大約製造 150 公升的腎絲球過濾液。這些腎絲球過濾液中的水分與鈉，由腎小管再次吸收，重新回到微血管裡，變成乾淨的血液循環全身。腎絲球過濾液的 99%都會回到血管裡，變成尿液排出體外的，一天僅有 1.5 公升左右。

控制血壓與氧氣含量

管理血液的腎臟

動博士的重點！

腎臟最重要的任務，就是讓血液變乾淨。腎臟隨時都在監測血液的狀態，控制血壓和氧氣含量。甚至還有研究認為，腎臟調節血液中磷含量的功能，能夠影響壽命長短。

Q 如何控制氧氣含量？

A 血液中的氧氣不足時，腎臟的腎小管四周的間質細胞就會做出反應，開始釋放大量 EPO（紅血球生成素）物質。EPO 一送達製造血液的造血幹細胞所在的骨髓（請見 P.103），就會生產更多運送氧氣的紅血球。紅血球增加，血液裡的氧氣含量就會增加。

● EPO（紅血球生成素）

腎臟產生的激素之一。作用在紅血球前驅母細胞上，藉此增加紅血球。（請見 P.73）

● 紅血球前驅母細胞

造血幹細胞會先分化成好幾種類型的前驅細胞。所謂的前驅細胞，是指成為紅血球、血小板、白血球等之前，仍在準備階段的細胞。紅血球前驅母細胞會分化為紅血球和血小板。

Q 如何控制血壓？

A 降低血壓
血液因為心臟收縮，產生推擠血管壁的力量，稱為血壓。血壓上升的首要原因是鈉（鹽分）。腎臟能夠排除血液中多餘的鹽分，降低血壓。

提高血壓
提高血壓時，腎臟的腎絲球附近的細胞會分泌「腎素」（請見 P.72）。腎素最後會製造出「血管收縮素 II」。血管收縮素 II 會使全身血管收縮，提高血壓。另外也會促成可增加血量的「醛固酮」分泌，增加血流也能夠提高血壓。

●調節磷含量的腎臟

食物中的磷經由小腸吸收，主要是成為骨頭的成分。多數骨頭是由磷酸鈣所構成，骨頭也是磷的儲藏室。血液中的磷含量一多，骨頭和副甲狀腺分泌的物質就會作用在腎臟上，使腎臟降低腎小管再次吸收磷的吸收量，將多餘的磷隨著尿液排出體外。血液中的磷含量如果太少，就會發生骨質疏鬆症，骨頭會變得很脆弱。相反地，磷如果太多，就會如右圖所示，磷酸鈣卡在血管內側，造成血管鈣化。

● 紅血球

負責把氧氣送往全身。紅血球一旦增加，血液裡的氧氣含量也會增加。

Q 腎臟也能夠控制壽命長短嗎？

A 有研究顯示，動物的壽命或許與血液中的磷含量有關。磷是腎臟負責調節的各種血液成分其中一種。右下圖是依照動物血液中的磷濃度排列，根據這張圖可知，血液中磷含量愈少的動物愈長壽。目前科學家尚未解開磷一多，就容易老化之謎，但是血液中的磷一旦增加，血管就會鈣化，造成全身血管硬化，這或許與老化有關。

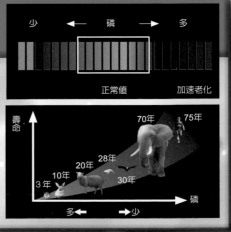

少 ← 磷 → 多

正常值　　加速老化

壽命

70年　75年

3年　10年　20年　28年　30年

多 ← 磷 → 少

傳送訊息的物質們

動博士的重點！

人體是約三十七兆個、兩百種細胞的集合體，由腦、心臟、肺臟、肝臟、腎臟、胃、腸等，各種器官以複雜的方式相互合作運行。事實上目前已知，這些細胞與器官都會透過形形色色的小物質，彼此互相發送訊息。人體的細胞與器官懂得一邊對話一邊調整自己的功能喔！

細胞和器官就是透過這類物質對話呢。

這類傳送訊息的物質，據說有上百種喔。

訊息物質5

●腸泌素　腸子分泌

抑制食欲

吃下食物，就會以小腸細胞為主，分泌消化系統激素。這類激素分泌後，透過血流運送到全身。胰臟一收到腸泌素，就會敦促胰島素的分泌。另外，腸泌素也會影響腦，達到抑制食欲的作用。

訊息物質6

●腎素　腎臟分泌

提高血壓

腎素最後製造出血管收縮素 II，促使血管收縮，提高血壓。另外也會促進分泌增加血量的物質，提高血壓。

訊息物質7

● 瘦素　脂肪細胞分泌

抑制食欲

脂肪細胞分泌的瘦素，由腦下視丘的飽足中樞神經細胞接收到之後，就能抑制食欲。（請見 P.31）

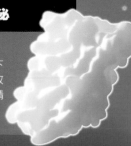
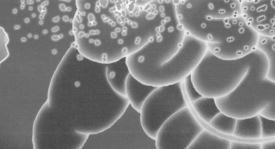

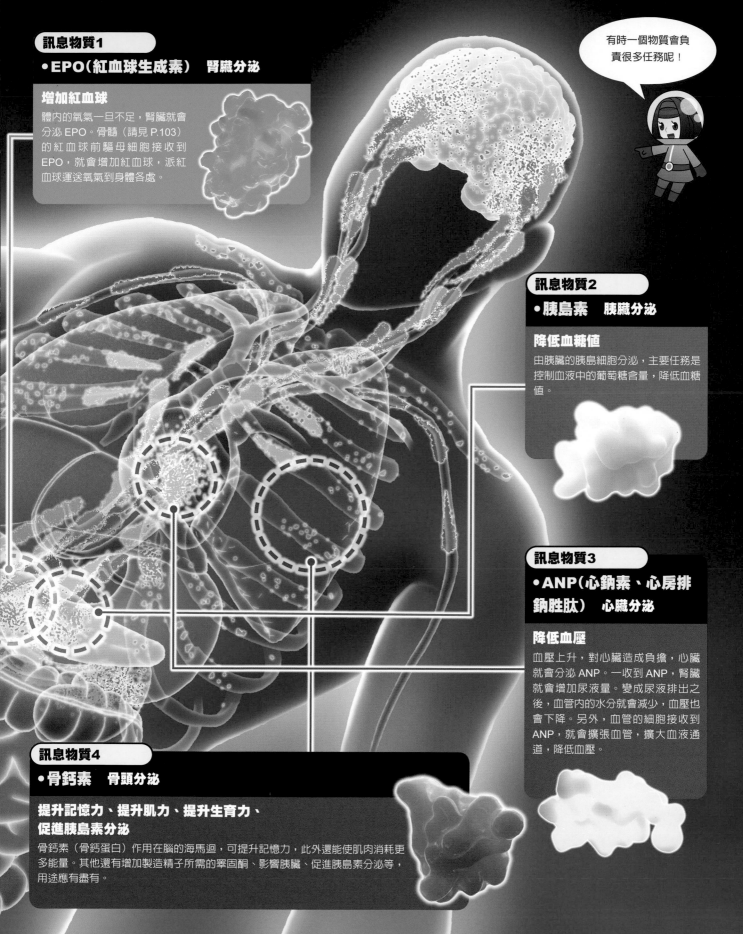

訊息物質1

●EPO（紅血球生成素）　腎臟分泌

增加紅血球

體內的氧氣一旦不足，腎臟就會分泌 EPO。骨髓（請見 P.103）的紅血球前驅母細胞接收到 EPO，就會增加紅血球，派紅血球運送氧氣到身體各處。

有時一個物質會負責很多任務呢！

訊息物質2

●胰島素　胰臟分泌

降低血糖值

由胰臟的胰島細胞分泌，主要任務是控制血液中的葡萄糖含量，降低血糖值。

訊息物質3

●ANP（心鈉素、心房排鈉胜肽）　心臟分泌

降低血壓

血壓上升，對心臟造成負擔，心臟就會分泌 ANP。一收到 ANP，腎臟就會增加尿液量。變成尿液排出之後，血管內的水分就會減少，血壓也會下降。另外，血管的細胞接收到 ANP，就會擴張血管，擴大血液通道，降低血壓。

訊息物質4

●骨鈣素　骨頭分泌

提升記憶力、提升肌力、提升生育力、促進胰島素分泌

骨鈣素（骨鈣蛋白）作用在腦的海馬迴，可提升記憶力，此外還能使肌肉消耗更多能量。其他還有增加製造精子所需的睪固酮、影響胰臟、促進胰島素分泌等，用途應有盡有。

第 4 章

感官與
思維

人腦會產生情感與記憶，思考應該採取什麼樣的行動，並且由腦透過神經把這些情報傳送到全身。眼睛、耳朵、鼻子等感覺器官取得的情報，也會經由神經送到腦，這些稱為「神經系統」。此外，感覺器官、肌肉、腸、腎臟等所有器官，也會將各類情報或訊息傳送給腦，影響腦的作用。人類的身體各處相互連結，感覺、思考形形色色事物，並驅使身體行動。

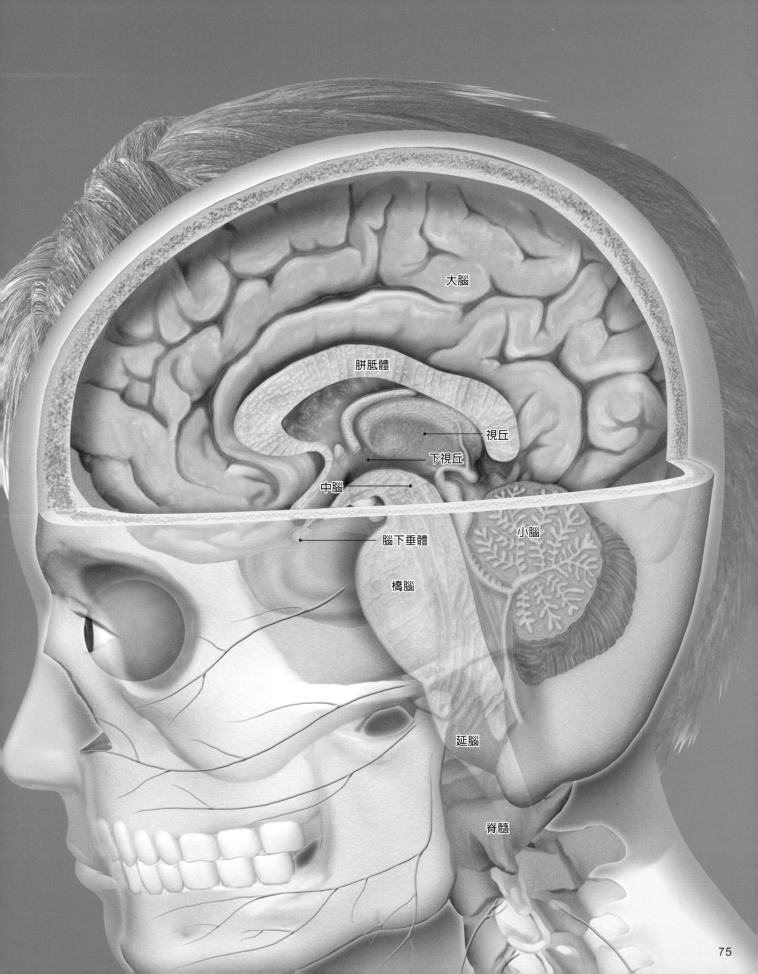

大腦

胼胝體

視丘

下視丘

中腦

腦下垂體

小腦

橋腦

延腦

脊髓

眼睛

 動博士的重點！

眼睛整體稱為眼球，眼球的構造與相機類似，如果以相機來打比方，角膜就是保護鏡片的濾鏡，虹彩是調節進光量的光圈「旋鈕」，水晶體是鏡片，鞏膜是擔任機身的角色。各不相同的功能，把倒映在視網膜的影像傳送到腦部。眼睛就是播放出世界模樣的精密儀器。

● 睫狀體

睫狀體上有稱為睫狀肌的肌肉，這些肌肉的作用是變換水晶體的厚度。水晶體在看遠時會變薄，看近時會變厚。

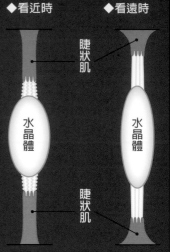

◆ 看近時　　◆ 看遠時

睫狀肌

水晶體

睫狀肌

● 角膜

角膜位在眼球前房，將外界的光線集中在眼球內。眼淚負責替角膜補充營養、洗去垃圾，保護眼睛遠離異物和有害光的威脅。

● 水晶體

水晶體會折射外來光線，把光線送到視網膜上。正好跟相機的鏡片一樣，配合所見物體之間的距離，調整厚度對焦。

進入的光線在視網膜上形成影像。

● 鞏膜

鞏膜是指眼白，是堅韌的薄膜，能夠保護眼睛承受外來的衝擊和壓力。

● 虹彩

虹彩是黑眼珠的部分，中央的洞稱為瞳孔。瞳孔在暗處會打開，在亮處會關閉，調節進入眼睛的光線。

環境明亮時　　環境昏暗時

● 視網膜

視網膜貼在眼球後側，網膜上排列著感光的視覺細胞，能夠把外來光線解讀成影像。底下照片是電子顯微鏡看到的視覺細胞。

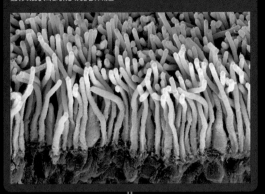

A 進入眼睛的光線，經過角膜和水晶體兩次折射，因此在玻璃體中光線交錯，投射在視網膜的畫面就像下圖一樣上下顛倒。不過視網膜送到腦部的影像，會在腦裡重新修正成正確的方向。

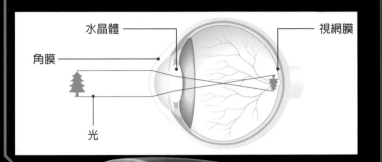

水晶體　　　　　　　　　　　視網膜

角膜

光

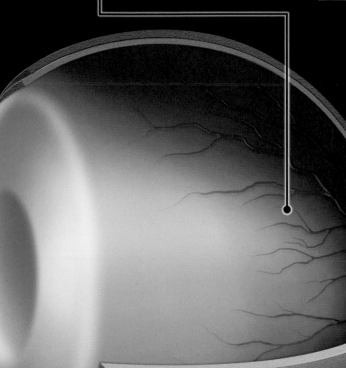

● 視神經

位在眼球後方的神經纖維束，負責將在視網膜上讀取的影像傳送到腦。

● 玻璃體

玻璃體是果凍狀，位在水晶體後方，占眼球大部分，負責維持眼球的形狀。玻璃體可透光，也是光線的通道。

● 眼肌

變換眼球方向的肌肉稱為眼肌，共有六條，眼球是利用這些肌肉變換看東西的方向。

視覺大賽

 動博士的重點！

其他動物看到的景物，與我們人類看到的不同。動物們的眼睛隨著不同生活環境與食物種類，演化現在的樣子。比方說，草食性動物的馬，為了盡早發現自己的天敵——肉食性動物就在附近，因此牠們的視角範圍很寬廣。我們一起來瞧瞧各種景物在動物們眼裡看起來是什麼模樣吧！

撇開人類看不見的世界不算！

入圍 1 狗

狗的視野範圍很窄，而且幾乎無法辨別顏色，牠們有出色的嗅覺與聽覺，能夠彌補視力的弱點，獲悉四周環境的資訊。

🔍 在人類的眼中？

🔍 在狗的眼中？

入圍 2 白粉蝶

白粉蝶的眼睛是複眼，由許多小眼構成。在人類眼中，雄蝶和雌蝶就像右上的照片，看起來都一樣。右下是紫外線照射下的照片，蝴蝶能夠看到紫外線，因此可分辨雄蝶和雌蝶。

🔍 在人類的眼中？

雄（正面）　　　雌（正面）

🔍 在白粉蝶的眼中？

雄（正面）　　　雌（正面）

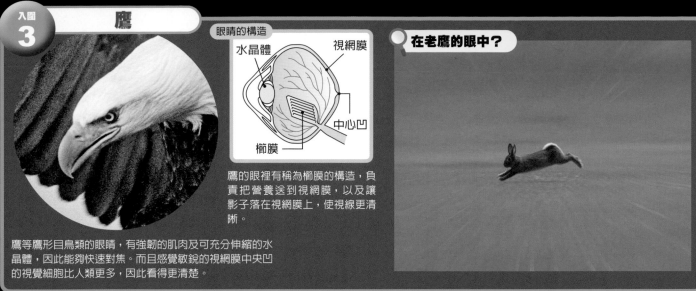

鷹

眼睛的構造

水晶體　視網膜　中心凹　櫛膜

鷹的眼裡有稱為櫛膜的構造，負責把營養送到視網膜，以及讓影子落在視網膜上，使視線更清晰。

鷹等鷹形目鳥類的眼睛，有強韌的肌肉及可充分伸縮的水晶體，因此能夠快速對焦。而且感覺敏銳的視網膜中央凹的視覺細胞比人類更多，因此看得更清楚。

在老鷹的眼中？

馬

馬的視角範圍是？

雙眼視角　單眼視角　單眼視角　死角

馬的天敵是肉食性動物，為了儘早發現牠們的行蹤，馬的視角範圍很廣，可達 350 度。至於色彩，牠們可以清楚辨識跟飼料草料一樣的黃色、綠色，但不易辨識紅色和藍色。

馬的眼睛位在臉頰兩側，因此視角可達 350 度。

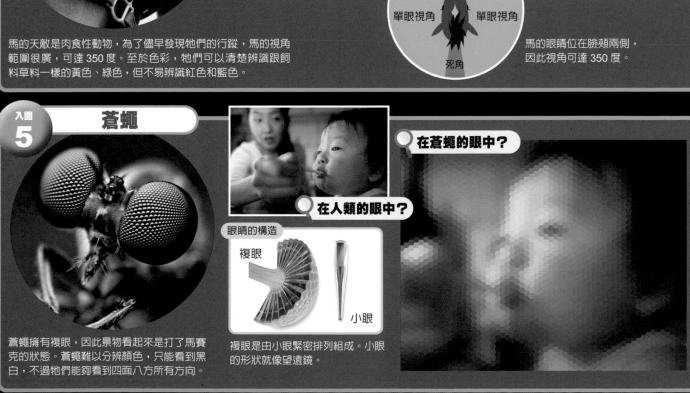

蒼蠅

在人類的眼中？

在蒼蠅的眼中？

眼睛的構造

複眼　小眼

蒼蠅擁有複眼，因此景物看起來是打了馬賽克的狀態。蒼蠅難以分辨顏色，只能看到黑白，不過牠們能夠看到四面八方所有方向。

複眼是由小眼緊密排列組成。小眼的形狀就像望遠鏡。

耳朵

 動博士的重點！

耳朵位在頭部兩側，左右各有一個，是用來聽聲音的器官。空氣振動對人類來說就是聲音。聲音通過外耳，振動鼓膜，經由中耳的聽小骨傳送到內耳的耳蝸，接著再透過內耳神經把情報傳送到腦。除此之外，耳朵還有其他重要用途，例如：感覺身體的旋轉與傾斜。我們一起來瞧瞧耳朵的構造吧！

人體地圖

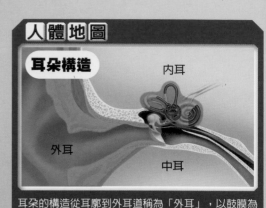

耳朵構造

內耳

外耳

中耳

耳朵的構造從耳廓到外耳道稱為「外耳」，以鼓膜為界，聽小骨所在的鼓室是「中耳」，再往內是前庭、半規管、耳蝸所在的「內耳」。

● 頭顱骨
頭部的骨頭。

● 聽小骨
由鎚骨、砧骨、鐙骨構成，接收鼓膜收到的聲音，放大之後傳送到內耳的入口（卵圓窗）。

● 鐙骨

● 砧骨

● 鎚骨

● 軟骨
維持耳廓形狀的柔軟骨頭。

聲音就是空氣的振動。

聲音的形成

● 外耳道
耳廓捕獲的聲音通過之處，大約3公分長，也是耳垢堆積的場所。

● 耳廓
平常大家想到的「耳朵」稱為耳廓，作用是用來收集外界的聲音。

耳斑（聽斑）

位在橢圓囊及球囊內的耳斑能夠感測頭的角度。毛細胞上有耳石小顆粒，人體可藉由耳石的移動察覺傾斜。

耳石

毛細胞

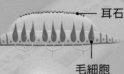

●半規管

感覺身體旋轉的場所。由充滿淋巴液的三條半圈狀管子構成，可感應前翻等前後傾斜、定軸旋轉、側翻等橫向旋轉。

A 三條半規管根部的膨大部分（壺腹）內，有毛細胞形成的頂帽。身體旋轉時，充滿半規管內的淋巴液就會移動，使得頂帽傾斜，人就能夠感測到身體在旋轉。

頂帽

連接腦的神經

淋巴液

●前庭耳蝸神經

傳遞來自前庭、半規管訊號的前庭神經，與傳遞來自耳蝸訊號的耳蝸神經，集合而成前庭耳蝸神經。前庭神經感測身體的旋轉與傾斜，耳蝸神經感測聲音。

●前庭神經　●耳蝸神經

●耳蝸

螺旋的形狀像蝸牛，從卵圓窗捕抓到的振動，就會在這裡轉換成傳送給腦的訊號，送到耳蝸神經。

●橢圓囊

●球囊

細胞以聲音的形式把振動傳送到腦

把空氣振動轉換成傳送到腦的訊號，是由位在耳蝸的「柯蒂氏器」（下面照片）進行。柯蒂氏器上的毛細胞有感覺受器，負責轉換振動。轉換成訊號後，就透過耳蝸神經傳送到腦。

●卵圓窗

●前庭

內有橢圓囊，裡面有耳斑。

●鼓膜

位在外耳與中耳分界線上的橢圓形薄膜，厚度約 0.1 公釐，直徑約 1 公分。鼓膜對經過外耳道進來的聲波產生振動反應，並傳到聽小骨。

●耳咽管

連接中耳腔鼓室與鼻子深處咽頭的管子，用來維持鼓室與耳朵外面的壓力平衡。

前庭道

鼓室道　耳蝸管

耳蝸內部可分為前庭道、鼓室道、耳蝸管這三部分，每一區都充滿了淋巴液。

感覺氣味

鼻子

 動博士的重點！

鼻子是在呼吸時吸入空氣的器官，它還有另外一個重要任務，就是嗅氣味。「嗅覺（感覺氣味）」是指眼睛看不到的微小氣味物質進入鼻子，讓嗅覺細胞去感覺，得到的情報傳送到腦，腦就會判斷是「臭味」或「香味」。

● 氣味的來源是化學物質

空氣中的氣味物質沾附在嗅覺細胞的纖毛上，就能夠感覺到氣味。纖毛上的嗅覺受體細胞大約有三百五十種，透過其排列組合方式，就能夠分辨出數萬種氣味。

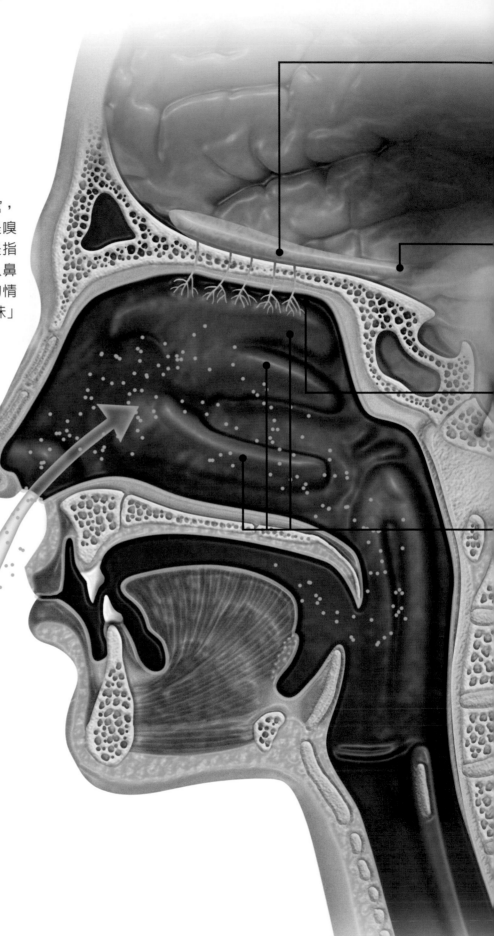

感覺氣味的細胞位在嗅上皮層。

● 嗅球
位在鼻腔頂端的篩骨上方。氣味物質一旦刺激嗅覺細胞，訊號就會透過嗅覺神經，傳送到嗅球神經元。

● 嗅覺神經
嗅覺細胞延伸出的神經纖維，負責把訊號傳送給嗅球神經元。

● 嗅球神經元
位在嗅球的神經元從嗅覺神經接收情報，傳送到大腦的嗅覺區（請見 P.93），一部分則會傳送到海馬迴（請見 P.96），把氣味當成記憶儲存。

● 嗅球

● 纖毛

● 嗅徑
神經元集合成一束，將訊號傳送到大腦。

● 篩骨

● 嗅上皮層
嗅上皮層位在鼻腔頂端，上有嗅覺細胞，用嗅覺細胞的末端捕抓氣味。

● 嗅上皮層

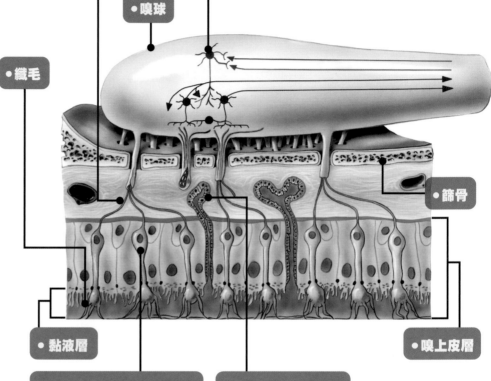

● 鼻甲
鼻腔內側壁上凸出的三對香腸狀骨頭，凸出的部分由上而下分為上鼻甲、中鼻甲、下鼻甲。鼻甲與鼻甲之間的空氣通道由上到下依序是上鼻道、中鼻道、下鼻道。

● 黏液層

● 嗅覺細胞
位在嗅上皮層，負責感覺氣味的細胞。突出於鼻腔的頂端長著嗅覺纖毛，纖毛上有氣味的受體，捕捉氣味物質。

● 鮑氏腺（嗅腺）
分泌黏液溶解氣味物質。

Q 鼻孔
原本有四個，真的嗎？

A 魚有四個鼻孔，人類以前也有四個鼻孔，但據說在演化過程中，另外兩個鼻孔移動到眼睛，變成鼻淚管。哭泣時會流鼻水，也是因為淚水經由鼻淚管流進鼻子的緣故。

鼻淚管

嗅覺細胞與纖毛

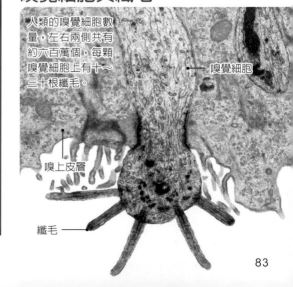

人類的嗅覺細胞數量，左右兩側共有約六百萬個，每顆嗅覺細胞上有十～三十根纖毛。

嗅覺細胞

嗅上皮層

纖毛

什麼是味道？

舌頭

 動博士的重點！

舌頭的表面是什麼狀態呢？是粗糙不平滑的吧，這些粗糙的小突起稱為「舌乳突」。舌乳突有四類，各有不同的特徵與形狀。其中主要是由位在輪廓狀乳突和葉狀乳突上的味蕾負責感覺味道。大家能夠感覺食物好吃，就是味蕾的功勞。

輪廓狀乳突

輪廓狀乳突位在舌頭後側，排列成七～十二個 V 字形，有味蕾。

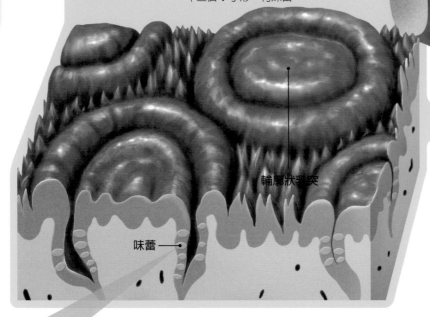

輪廓狀乳突

味蕾

感覺味道的味蕾

味蕾是用來感覺味道的裝置，頂端有味孔，溶解於水和唾液中的食物進入這裡，刺激味覺細胞，味覺細胞頂端有捕捉味道的味毛。

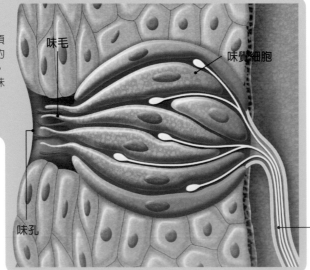

味毛

味覺細胞

味孔

味覺神經

味蕾能夠感覺甜味、苦味、鹹味、酸味、鮮味這五種基本味道。

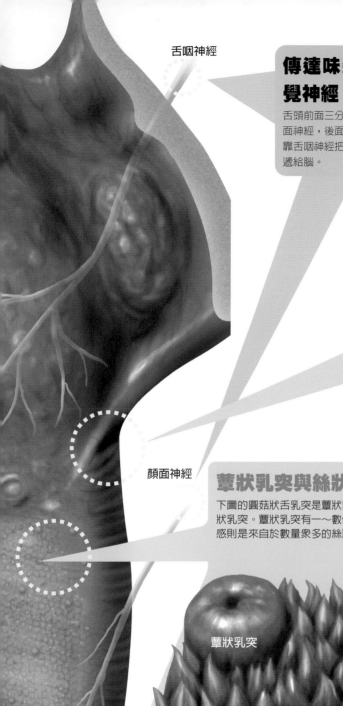

舌咽神經

傳達味道的味覺神經

舌頭前面三分之二是靠顏面神經，後面三分之一是靠舌咽神經把味覺資訊傳遞給腦。

葉狀乳突

位在舌頭側面的乳突，構造是細長皺褶狀，有味蕾。

味蕾

舌乳突有四種喔。

顏面神經

蕈狀乳突與絲狀乳突

下圖的圓菇狀舌乳突是蕈狀乳突，縫隙間細長狀的是絲狀乳突。蕈狀乳突有一～數個味蕾。舌頭表面的粗糙觸感則是來自於數量眾多的絲狀乳突。

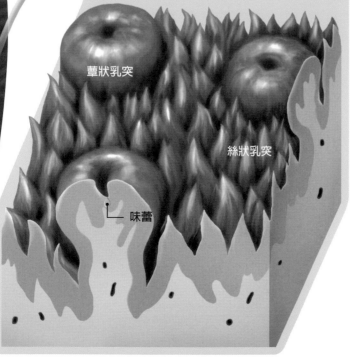

蕈狀乳突

絲狀乳突

味蕾

Q 動物們都是美食家？

A 味蕾數量愈多，味覺就愈敏銳。人類有五千個味蕾，但牛有兩萬個味蕾，能夠判斷這草能不能吃。鯰魚全身上下有超過二十萬個味蕾，不只在舌頭上，因此在鯰魚棲息的濁水裡，靠眼睛無法辨識這魚能不能吃。人類嬰兒的味蕾也遠比成年人更多，數量隨著成長而遞減。嬰兒的消化系統與免疫系統都不夠發達，能吃的食物有限，對食物的感受也比我們成年人更敏感。

敏銳的感受器

皮膚

動博士的重點！

覆蓋全身的皮膚是由表皮、真皮、皮下組織三層構造所構成。皮膚負責保護身體遠離外來的各種刺激，以及調節體溫，功能就像防護衣。另外，皮膚有感受器的作用，可感覺觸摸物品的感覺、冷熱、疼痛等。皮膚的厚度平均約 2 公釐，成年人的皮膚表面積約有 $1.6m^2$，相當於一塊榻榻米的大小，重量可達 3 公斤。

薄皮膚的構造（手背）

手臂和腳等處都會長體毛，這是薄皮膚的構造之一。這些位置難以承受強烈刺激，而且表皮層特別薄。

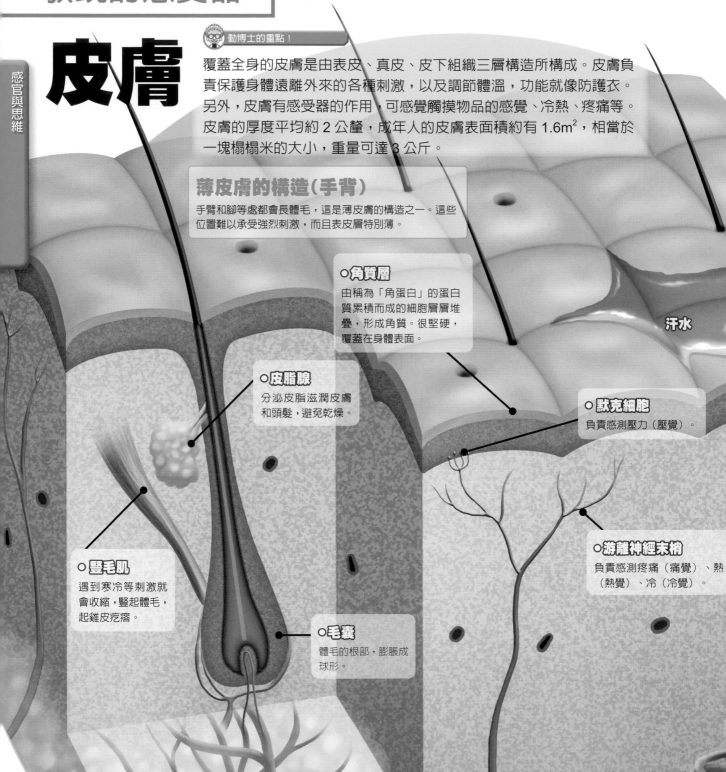

○**角質層**
由稱為「角蛋白」的蛋白質累積而成的細胞層層堆疊，形成角質。很堅硬，覆蓋在身體表面。

汗水

○**皮脂腺**
分泌皮脂滋潤皮膚和頭髮，避免乾燥。

○**默克細胞**
負責感測壓力（壓覺）。

○**豎毛肌**
遇到寒冷等刺激就會收縮，豎起體毛，起雞皮疙瘩。

○**游離神經末梢**
負責感測疼痛（痛覺）、熱（熱覺）、冷（冷覺）。

○**毛囊**
體毛的根部，膨脹成球形。

血管

○**汗腺（小汗腺、外分泌汗腺）**
全身皮膚都有，負責流汗降低體溫。

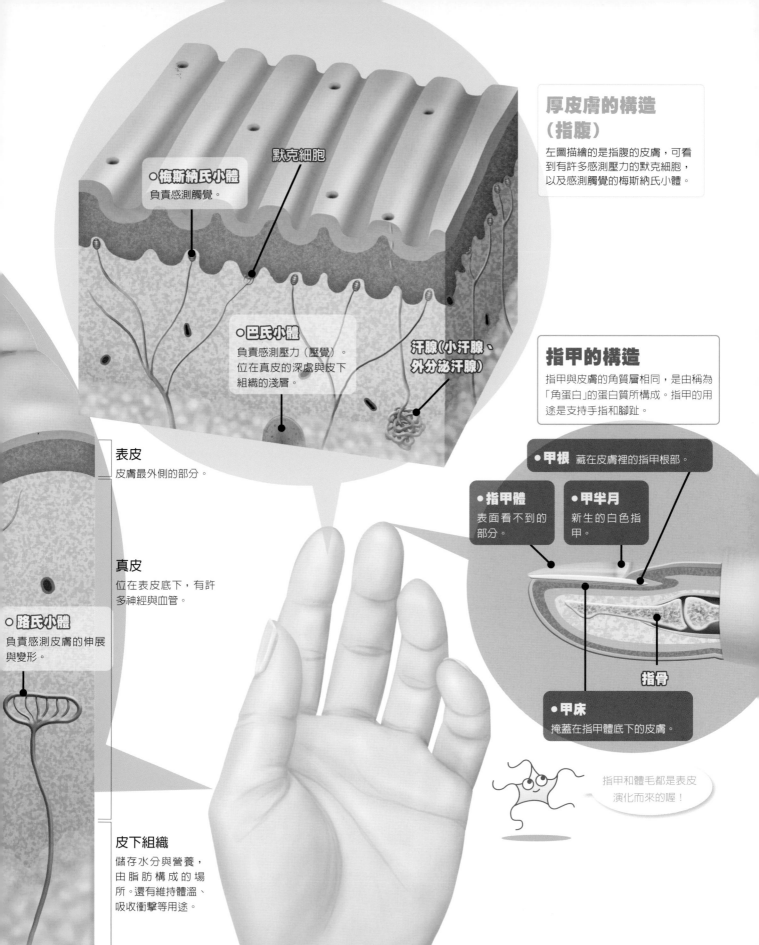

厚皮膚的構造（指腹）

左圖描繪的是指腹的皮膚，可看到有許多感測壓力的默克細胞，以及感測觸覺的梅斯納氏小體。

默克細胞

○梅斯納氏小體
負責感測觸覺。

○巴氏小體
負責感測壓力（壓覺）。位在真皮的深處與皮下組織的淺層。

汗腺（小汗腺、外分泌汗腺）

表皮
皮膚最外側的部分。

真皮
位在表皮底下，有許多神經與血管。

○路氏小體
負責感測皮膚的伸展與變形。

皮下組織
儲存水分與營養，由脂肪構成的場所。還有維持體溫、吸收衝擊等用途。

指甲的構造

指甲與皮膚的角質層相同，是由稱為「角蛋白」的蛋白質所構成。指甲的用途是支持手指和腳趾。

●甲根 藏在皮膚裡的指甲根部。

●指甲體
表面看不到的部分。

●甲半月
新生的白色指甲。

指骨

●甲床
掩蓋在指甲體底下的皮膚。

指甲和體毛都是表皮演化而來的喔！

傳遞情報的組織架構

神經元

動博士的重點！

把腦發出的活動身體命令傳遞到肌肉和腺體上，或是把皮膚得到的熱、痛等情報傳送到腦，都是神經的工作。神經遍布全身各處，負責接收傳遞情報。而建立這個網路的，是稱為「神經元」的神經細胞們，情報變成電流訊號，傳送到神經元上。你不覺得生物身上有電流通過很神奇嗎？

中間神經元（聯絡神經元）

負責傳送神經元夥伴的情報。感覺神經元得到的情報，經由中間神經元，傳給運動神經元。腦與脊髓（請見 P.91）等的中樞神經上有許多這種中間神經元。

● 樹突（dendrite）

呈樹枝形狀從細胞體延伸而出，從其他神經元接收各式情報，轉換成電流訊號傳送到細胞體。

● 蘭氏結（nodes of ranvier）

沒有髓鞘包覆的部位，只位在有髓鞘神經（請見 P.95）的運動神經元、感覺神經元等。

● 神經末梢

感覺神經元的末端，或分岔後連接感受器，或變成感受熱與痛的受體。

皮膚

細胞核

細胞體

軸突

細胞核

細胞體

感覺神經元（傳入神經元）

傳送觸覺、味覺、視覺、嗅覺、聽覺等感覺資訊的神經元。感覺神經元接收各種刺激，經由脊髓傳送到腦。

三種神經元互相連接。

● 髓鞘（myelin sheath）

位在軸突的外圍，由五～二十層膜形成。用途是加快傳送情報的速度。

● 軸突（axon）

電流訊號的通道。最長甚至可達一公尺。

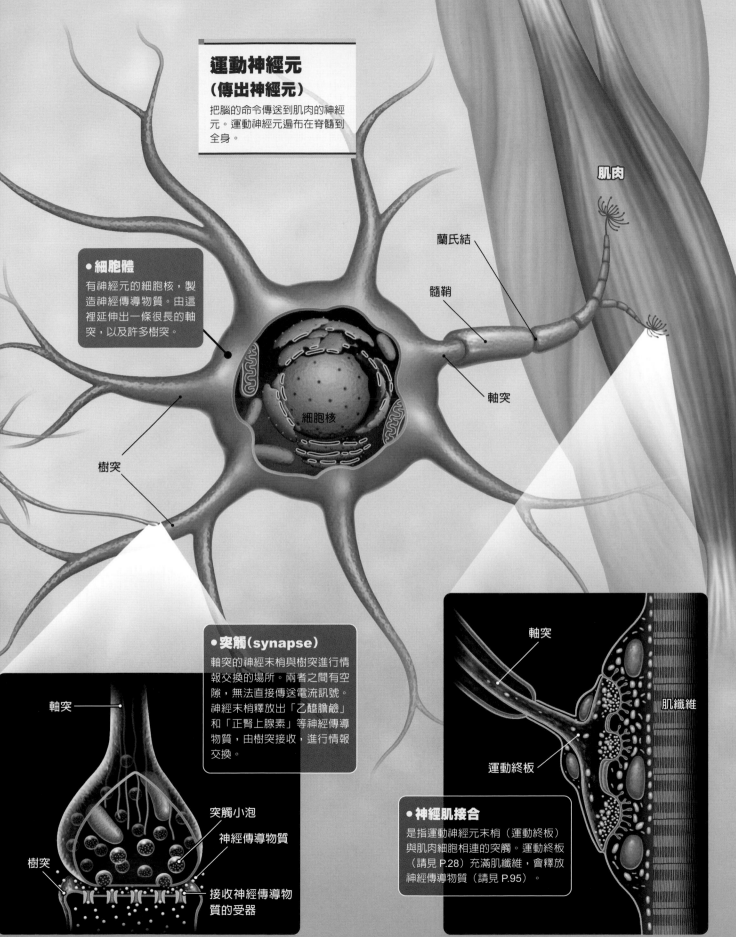

運動神經元
（傳出神經元）

把腦的命令傳送到肌肉的神經元。運動神經元遍布在脊髓到全身。

肌肉

● 細胞體

有神經元的細胞核，製造神經傳導物質。由這裡延伸出一條很長的軸突，以及許多樹突。

蘭氏結

髓鞘

軸突

細胞核

樹突

● 突觸（synapse）

軸突的神經末梢與樹突進行情報交換的場所。兩者之間有空隙，無法直接傳送電流訊號。神經末梢釋放出「乙醯膽鹼」和「正腎上腺素」等神經傳導物質，由樹突接收，進行情報交換。

軸突

運動終板

肌纖維

軸突

突觸小泡

神經傳導物質

樹突

接收神經傳導物質的受器

● 神經肌接合

是指運動神經元末梢（運動終板）與肌肉細胞相連的突觸。運動終板（請見 P.28）充滿肌纖維，會釋放神經傳導物質（請見 P.95）。

縝密的傳話遊戲

神經

感官與思維

動博士的重點！

人體的全身都有神經分布。而擔任神經總指揮的就是腦和脊髓，這些稱為「中樞神經」。負責對身體各部位下指示，或收到情報後傳給腦和脊髓的，則是「末梢神經」。我們一起來瞧瞧這個精密的世界！

末梢神經

●脊髓神經

脊髓延伸出去的末梢神經。包括頸椎神經 8 對、胸椎神經 12 對、腰椎神經 5 對、薦椎神經 5 對、尾椎神經一對，共計 31 對。

●交感神經幹

特徵是脊柱兩側各有一條，上有串珠狀鼓起的神經節。這裡的神經元扮演中繼站的角色，協助把來自腦的情報傳送到身體各部位。

中樞神經據說有一千億～兩千億個神經元喔。

神經是由神經元創造出來的。

體神經系統

末梢神經是由體神經系統與自律神經系統組成。體神經系統可分為兩種，一種是將皮膚收到的感覺傳至中樞神經的「感覺神經」，另外一種是把腦給身體的動作指令送出去的「運動神經」。

感覺神經

藉由皮膚接收疼痛等感覺，再由脊髓傳送到腦。

運動神經

把腦下的「踢球」命令傳送到肌肉。

Q 什麼是脊髓反射？

A 觸摸到滾燙鍋子時，在你還來不及思考之前，手應該就已經放開，這種反應稱為「脊髓反射」；手指的感覺神經情報還沒有傳到腦，脊髓的「手放開」命令就已經透過運動神經傳送到肌肉，因此在遭遇危險時，人類才能夠在思考之前立即先做出反應。

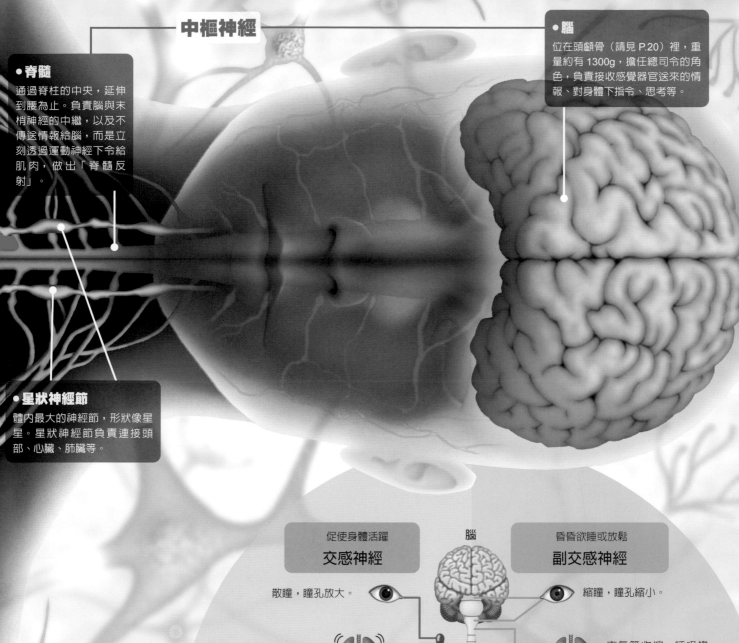

中樞神經

● 腦
位在頭顱骨（請見 P.20）裡，重量約有 1300g，擔任總司令的角色，負責接收感覺器官送來的情報、對身體下指令、思考等。

● 脊髓
通過脊柱的中央，延伸到腰為止。負責腦與末梢神經的中繼，以及不傳送情報給腦，而是立刻透過運動神經下令給肌肉，做出「脊髓反射」。

● 星狀神經節
體內最大的神經節，形狀像星星。星狀神經節負責連接頭部、心臟、肺臟等。

自律神經系統
自律神經系統分為交感神經與副交感神經，主要用途是在無個人意識介入之下控制內臟。交感神經在身體活躍時發揮作用，副交感神經則是在想睡覺或休息、放鬆時出面主導。身體各部位都由交感神經與副交感神經兩者控制，兩種神經系統達到平衡，人體才不會出問題。

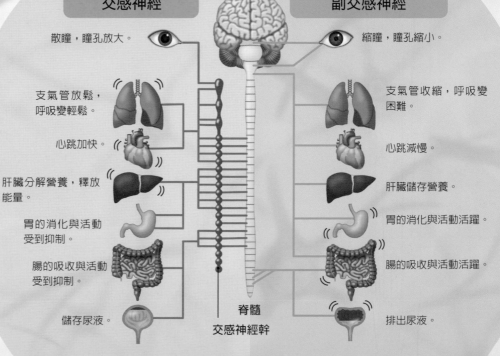

促使身體活躍 交感神經	腦	昏昏欲睡或放鬆 副交感神經
散瞳，瞳孔放大。		縮瞳，瞳孔縮小。
支氣管放鬆，呼吸變輕鬆。		支氣管收縮，呼吸變困難。
心跳加快。		心跳減慢。
肝臟分解營養，釋放能量。		肝臟儲存營養。
胃的消化與活動受到抑制。		胃的消化與活動活躍。
腸的吸收與活動受到抑制。		腸的吸收與活動活躍。
儲存尿液。	脊髓 交感神經幹	排出尿液。

心理與身體的控制中心

腦

動博士的重點！

腦控制心理和生理，是使人類活得像人類的重要器官。大腦和小腦的表面充滿皺褶，看起來都一樣，但不同部位有不同的功能。除了行動之外，個性也是腦管理的範疇，因此腦一旦受傷，性格也會跟著大變。事實上關於腦的作用，仍然有許多未解之謎，我們還有許多不知道的地方。

大腦
大腦占腦的 80％，分為左右兩半球，可進一步分成額葉、頂葉、顳葉、枕葉。表面的大腦皮質（灰質和白質）有超過一百六十億個的神經元。

● 視丘
接收來自延髓、橋腦、中腦的情報，傳送到大腦。

● 胼胝體
連接左右大腦半球的神經纖維束，是情報交換時的神經通道，對於思考有很重要的作用。

● 下視丘
位在視丘下方、腦下垂體上方的區域，主導自律神經系統（請見 P.91），與體溫調節、食欲等息息相關。也負責調節血液中的腦下垂體激素分泌量。

● 腦下垂體
大小相當於小指的指尖，與下視丘相連。作用是調節激素分泌量、管理身體狀態。

● 橋腦
負責連接小腦與腦幹。與睡意有關。

● 延髓
延髓是腦幹最下面的部分，負責呼吸、血液循環、唾液分泌、吞嚥動作，是生命維持上不可或缺的部分。

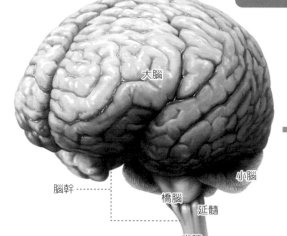

大腦 / 小腦 / 腦幹 / 橋腦 / 延髓 / 脊髓

腦的構造
腦可分為大腦、間腦（視丘與下視丘）、中腦、橋腦、延髓、小腦。中腦、橋腦、延髓統稱為腦幹。腦幹延續大腦，連接脊髓。小腦位在腦幹後側中。腦的各部位都是由神經元串連。

腦的表面充滿皺褶，伸展開來大約有 2000cm² 大喔。

相當於一張報紙的大小。

中腦
連結大腦、小腦、脊髓的重要中繼站。除了調節姿勢與身體平衡之外，也與視覺、聽覺有關。

小腦
細微調整肌肉動態，管理站立、走路等所需的平衡感。

● **額葉**
位在大腦前側，包括與運動有關的「主要運動區」、與人類思考與個性有關的「額葉聯絡區」、與語言能力有關的「布洛卡區（語言運動區）」。

● **頂葉**
位在大腦頂端，包括辨識皮膚等感覺的「主要體感覺區」、進行思考判斷的「頂葉聯絡區」。

● **枕葉**
位在大腦後側，有「主要視覺區」接收來自視網膜的情報，辨識顏色和形狀。

主要體感覺區

主要運動區

頂葉聯絡區（parietal association area）

額葉聯絡區（frontal association cortex）

布洛卡區（語言運動區）

韋尼克區（語言感覺區）

主要視覺區

主要聽覺區

顳葉聯絡區（temporal association area）

嗅覺區

● **海馬迴**
作用是整理日常大小事與學習等的記憶，儲存在大腦皮質（請見P.96）。

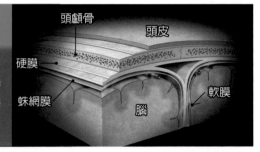

頭顱骨
頭皮
硬膜
蛛網膜
軟膜
腦

Q 骨頭與腦之間有三層膜？

A 頭髮、頭皮，以及堅硬的頭顱骨底下，還有硬膜、蛛網膜、軟膜這三層膜。蛛網膜與軟膜之間有腦脊髓液。這些構造就像安全氣囊一樣，在柔軟如豆腐的腦與堅硬的頭顱骨之間發揮保護作用。

● **顳葉**
位在大腦側面，包括與聽覺有關的「主要聽覺區」、理解話語的「韋尼克區（語言感覺區）」、累積記憶的「顳葉聯絡區」。

腦神經元

 動博士的重點！

迴路遍布全身的神經（請見 P.90），是由這裡介紹的神經元軸突組成的神經束，更進一步結合成一束。構成神經的神經元，會把眼睛等接收到的情報以電流訊號形式傳送到腦，變成指令或記憶。我們一起來瞧瞧這是怎麼發生的。

在腦裡循環的電流訊號

我們的腦與腦的各處互相連接，辨識、判斷、記憶各式各樣的情報。這張插圖是根據又吉直樹先生的腦部掃描結果繪製而成，是腦的神經纖維。舉例來說，一看到人的臉，就會把電流訊號傳送到腦最後面的主要視覺區（請見 P.93），接著經過 0.2 秒左右，電流訊號就遍布整個腦。

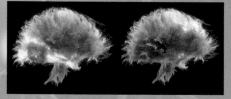

電流訊號傳送到腦後側的主要視覺區（左）。0.2 秒左右就傳遍全腦。

●突觸

軸突的末端（神經末梢）與樹突進行情報交換的場所。兩者之間有縫隙，無法直接傳送電流訊號，因此需要利用乙醯膽鹼、正腎上腺素等神經傳導物質互換情報。

細胞體

樹突

細胞核

軸突

● 神經元

神經元是傳送情報的細胞，構造包括有細胞核的細胞體及一條軸突，與其他神經元之間是透過樹突交換情報。

Q 傳遞情報的速度有多快？

A 神經元軸突包括「有髓鞘神經」，具有可加快電流訊號傳遞速度的髓鞘，以及沒有髓鞘的「無髓鞘神經」。有髓鞘神經傳送情報的最快速度，相當於超導磁浮列車，時速約可達 430 公里。另一方面，無髓鞘神經的時速約 2 公里，傳送情報的速度很慢。大腦（請見 P.92）的神經元多半是有髓鞘神經。

無髓鞘神經	有髓鞘神經
軸突	髓鞘
	軸突

Q 神經膠細胞扮演的角色是？

A 腦細胞可分為神經元與神經膠細胞。神經膠細胞包含許多種類，星狀膠細胞負責填補腦內損傷的部位，避免傷勢擴大，管理營養。寡突膠細胞能夠提升電流訊號的傳送速度。微膠細胞負責處理堆積在腦中的受傷神經元。

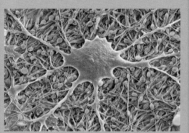

▲中央橘色的細胞是神經膠細胞。其周圍的小型圓形物是神經細胞的突觸（電子顯微鏡照片）。

— 軸突

— 粒線體

●神經傳導物質

突觸小泡附著在軸突末梢的細胞上，釋放神經傳導物質。透過數十種到一百種的神經傳導物質，產生各種傳遞方式的電流訊號。

樹突

●神經傳導物質受器

接收神經傳導物質，產生新的電流訊號。

●突觸小泡

神經末梢裝著液體的小袋子，裡面是神經傳導物質。

Q 比較動物的神經元？

A 比較人類與黑猩猩、海豚、烏鴉等高智商動物的腦神經元密度，就會發現黑猩猩與烏鴉的密度遠高於人類，牠們的腦充滿神經元。但是，若從腦的重量占體重比例來看，人類的腦遠比牠們大多了，其中又屬烏鴉的腦最小。此外，人類腦的皺褶也比黑猩猩和海豚更多，神經元的數量也很多。

黑猩猩	海豚	烏鴉

海馬迴與記憶

 動博士的重點！

我們對於記憶的架構，尚未全盤釐清，但已經知道位在腦深處的器官「海馬迴」在製造記憶時，會發揮重要作用，也知道在製造記憶時，海馬迴裡的「齒狀迴」會很活躍。我們將在這裡嘗試探索記憶架構的其中一部分！

●齒狀迴的細胞
會不斷產生

最新的研究顯示，齒狀迴一天可產生一千四百個新的神經細胞。根據這項研究已知，九十歲人的齒狀迴也會很活躍地製造神經細胞。

Q 有物質可增加神經細胞嗎？

A 對於人體的其他器官來說，記憶也扮演著重要的角色。透過記憶各式各樣的資訊，人類能夠更有效率地取得食物、遠離危險。舉例來說，運動時，肌肉細胞產生的組織蛋白酶 B，被認為具有增加齒狀迴神經細胞的作用。此外目前已確定，胰臟釋出的胰島素一旦減少，齒狀迴的細胞成長速度就會變慢。

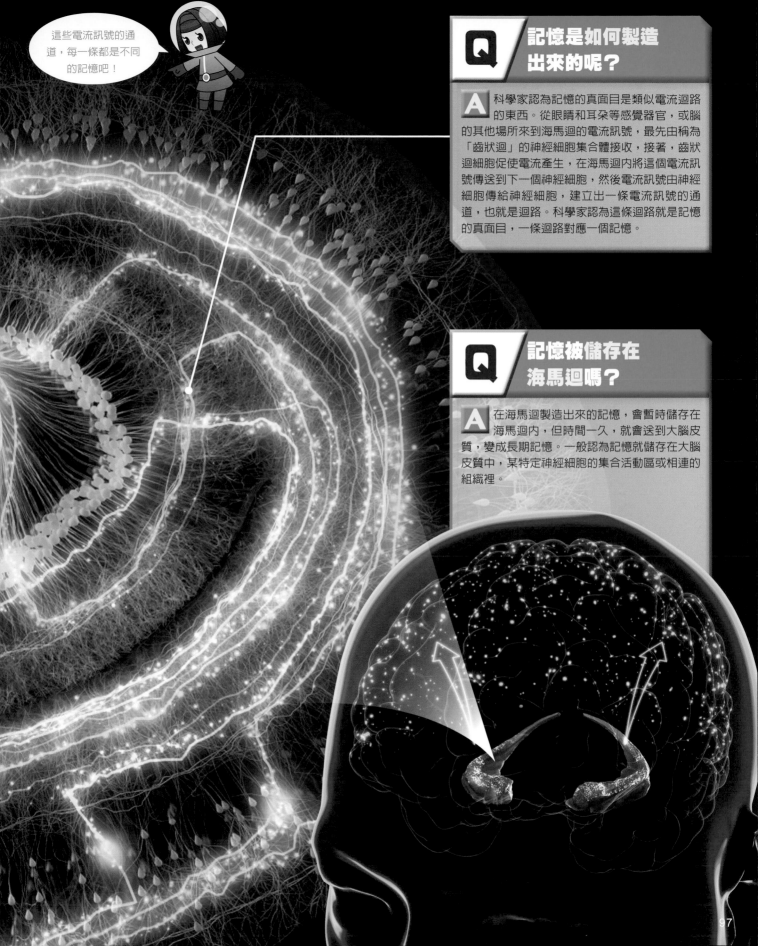

這些電流訊號的通道，每一條都是不同的記憶吧！

Q 記憶是如何製造出來的呢？

A 科學家認為記憶的真面目是類似電流迴路的東西。從眼睛和耳朵等感覺器官，或腦的其他場所來到海馬迴的電流訊號，最先由稱為「齒狀迴」的神經細胞集合體接收，接著，齒狀迴細胞促使電流產生，在海馬迴內將這個電流訊號傳送到下一個神經細胞，然後電流訊號由神經細胞傳給神經細胞，建立出一條電流訊號的通道，也就是迴路。科學家認為這條迴路就是記憶的真面目，一條迴路對應一個記憶。

Q 記憶被儲存在海馬迴嗎？

A 在海馬迴製造出來的記憶，會暫時儲存在海馬迴內，但時間一久，就會送到大腦皮質，變成長期記憶。一般認為記憶就儲存在大腦皮質中，某特定神經細胞的集合活動區或相連的組織裡。

腦與AI人工智慧

一九九七年，西洋棋的世界冠軍輸給了電腦喔。

 動博士的重點！

人類的腦是由超過一千億個神經元建立複雜的迴路，進行思考或記憶。另一方面，人類創造的電腦則是利用稱為「積體電路（IC）」的電子零件組合而成。電腦不斷在進化，電腦有可能跟人腦一樣嗎？

人腦與電腦很類似？

人腦的神經元

人腦的大腦皮質（請見 P.92）約有一百六十億個、小腦約有六百九十億個神經元（請見 P.94），形成網格狀的網路，互相交換著電流訊號。腦是人體的總司令，控制全身肌肉、記憶、掌管情感，使人類活得像人類，這些都是腦神經元的功勞。

電腦的積體電路

半導體的印刷電路板上有各式各樣電路組成的積體電路。從大型電腦到小型電腦，全部都是由積體電路控制，可說是電腦的總司令。以迴路上是否有電流通過做出判斷，再利用 0 和 1 的組合來表示資料內容。

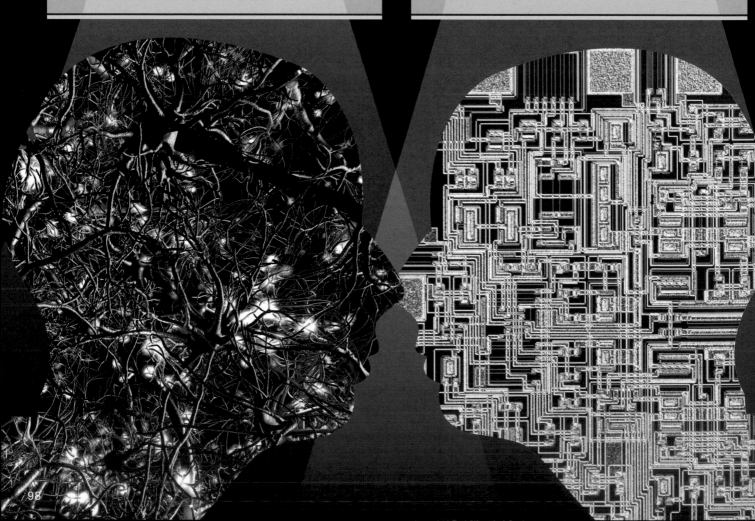

運算速度是
電腦大獲全勝！

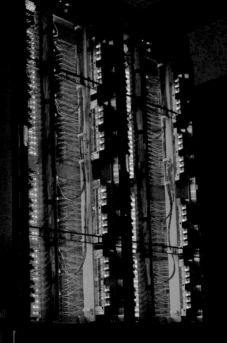

世界最快的
超級電腦「富岳」

超級電腦的運算速度比學校或一般家用電腦快幾十萬倍。日本多年來使用的超級電腦是「京」，在二○一九年淘汰後，由「富岳」取而代之，性能是「京」的一百倍以上，之前必須耗費一百天運算的內容，變成只要一天就能夠完成。超級電腦可用於新藥開發、防災研究、解開太空之謎等各式各樣的領域。二○二○年四月，「富岳」尚未準備好，但已經運用在 COVID-19 的對策研究上。

自主學習的AI人工智慧

下圍棋贏過人類的
AI人工智慧

AI 人工智慧在猜謎或日本將棋等大多數的動腦遊戲上，已經證明比人類更強。相對來說，圍棋是更加複雜的遊戲，因此 AI 很難勝過人類。但是到了二○一七年，AI 終於贏過號稱人類最強的圍棋棋士。這個 AI 是稱為「Alpha Go」的電腦程式，它懂得透過自身經驗學習並強化圍棋實力，不再是過去那種從大量舊資料中選出最佳答案的下棋方式，這是能夠自主學習（深度學習）的新型態人工智慧。

Q 模仿人腦的「深度學習」是什麼？

A 人類的大腦皮質有許多神經元，但事實上這些神經元相互交疊，形成層狀構造，藉由這種多層構造，人類能夠做到更複雜的思考。在二○○七年左右，類似大腦皮質神經元的多層構造，在 AI 上實現，就是「深度學習」。過去的 AI 也懂得學習，但要學什麼是由人類決定，「深度學習」則是以人類給的資料為起點，由 AI 自主思考哪些重要、哪些必須學習。智慧型手機與人類對話的功能、視訊看病、判斷蔬菜水果的採收期、不出意外的車子等，這些全都是深度學習應用在各領域的成果。深度學習能夠帶來無限可能。

沒人教過AI如何辨識「貓」，但AI看過一千萬張圖片之後，自己學會判斷，因而能夠辨識貓的圖片。

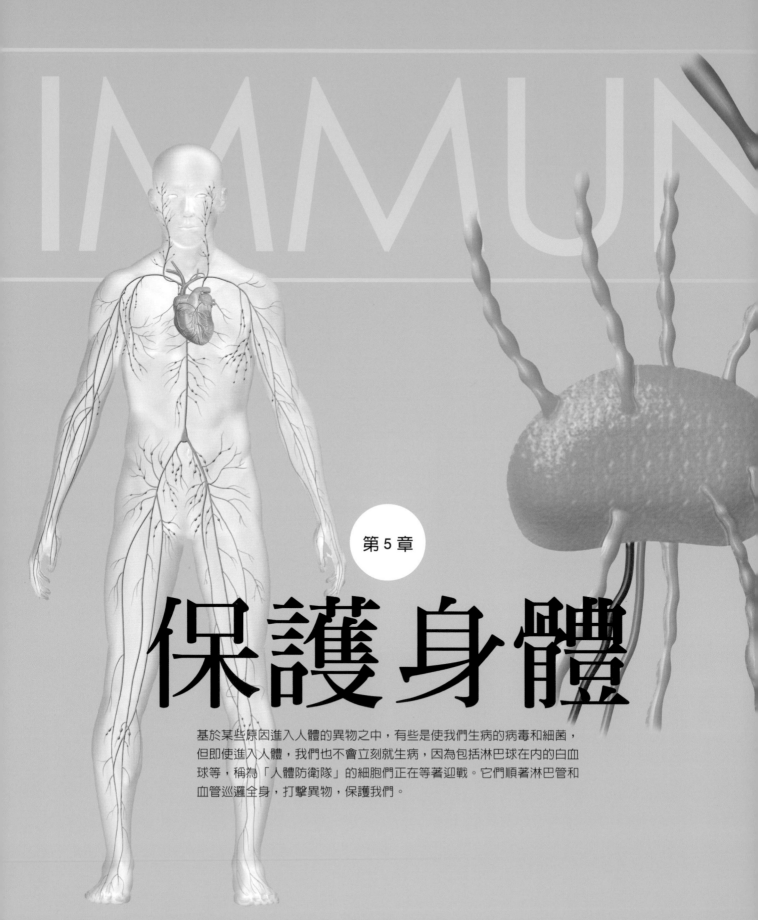

第 5 章

保護身體

基於某些原因進入人體的異物之中，有些是使我們生病的病毒和細菌，但即使進入人體，我們也不會立刻就生病，因為包括淋巴球在內的白血球等，稱為「人體防衛隊」的細胞們正在等著迎戰。它們順著淋巴管和血管巡邏全身，打擊異物，保護我們。

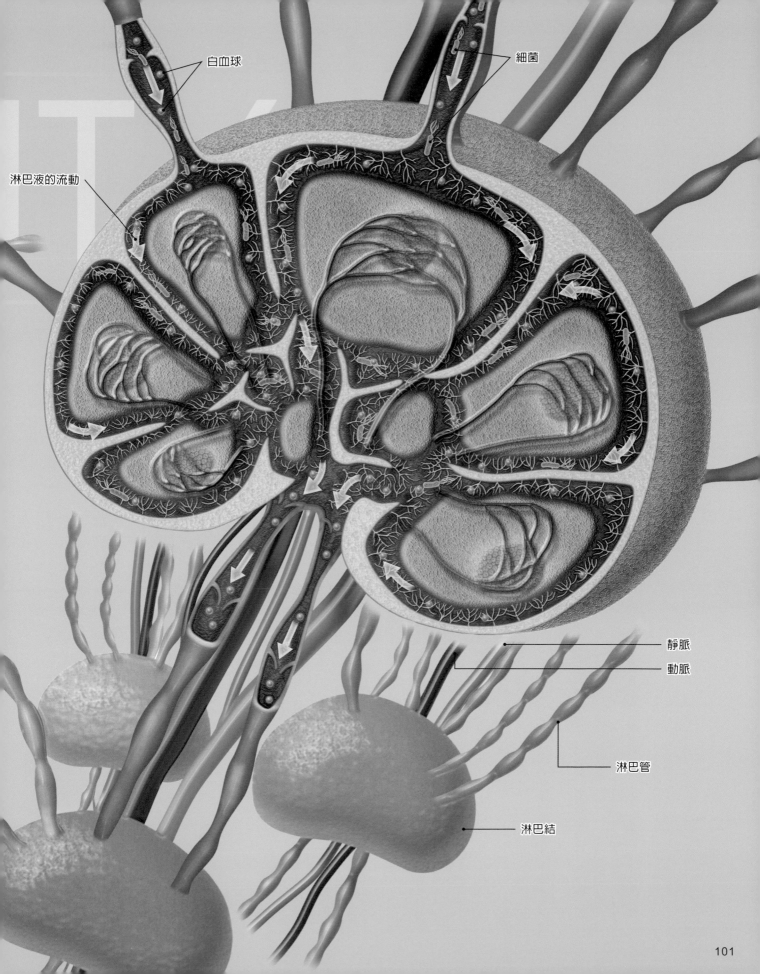

白血球

細菌

淋巴液的流動

靜脈

動脈

淋巴管

淋巴結

淋巴系統

![動脈士的重點！]

淋巴液是血液中的血漿（請見 P.67）與體內不需要的老舊廢物，從微血管滲出到細胞與細胞之間，進入淋巴管的液體。淋巴液中有許多 T 細胞、B 細胞（請見 P.105）等淋巴球，幫忙擊退侵入人體內的病毒和細菌。對，淋巴管就是遍布全身的防護網，淋巴球是站在最前線的戰士，淋巴管集合成的淋巴結則是戰士們與致病的病原體對決的戰場。

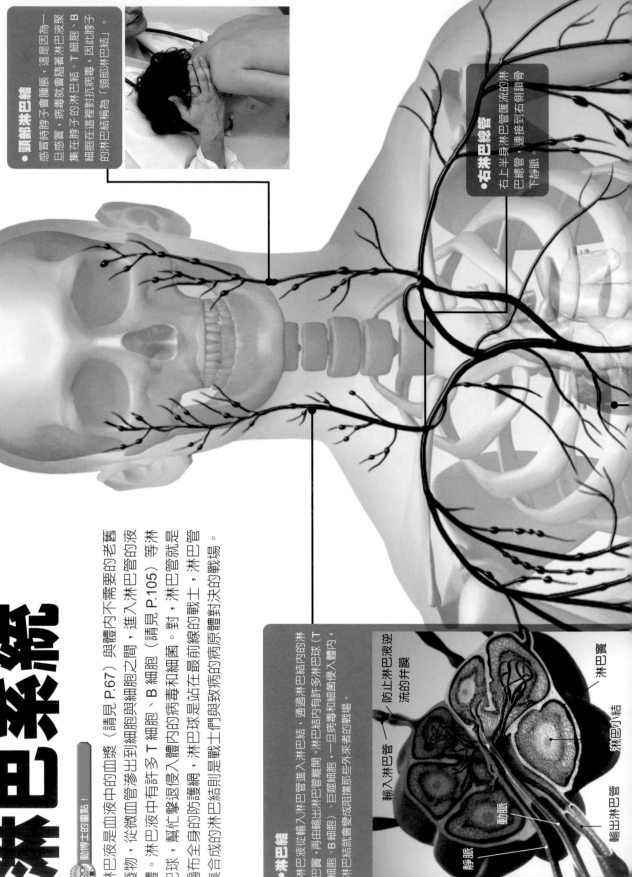

●頸部淋巴結

感冒時脖子會腫脹，這是因為一旦感冒，病毒就會隨著淋巴液聚集在脖子的淋巴結。T細胞、B細胞在這裡對抗病毒，因此脖子的淋巴結稱為「頸部淋巴結」。

●右淋巴總管

右上半身淋巴管匯流的淋巴總管，連接到右側鎖骨下靜脈。

●淋巴結

淋巴液從輸入淋巴管進入淋巴結，通過淋巴結內的淋巴竇，再由輸出淋巴管離開。淋巴結內有許多淋巴球（T細胞、B細胞）、巨噬細胞，一旦病毒和細菌侵入體內，淋巴結就會成為攔捕那些外來者的戰場。

輸入淋巴管
防止淋巴液逆流的弁膜
淋巴竇
淋巴小結
靜脈
動脈
輸出淋巴管

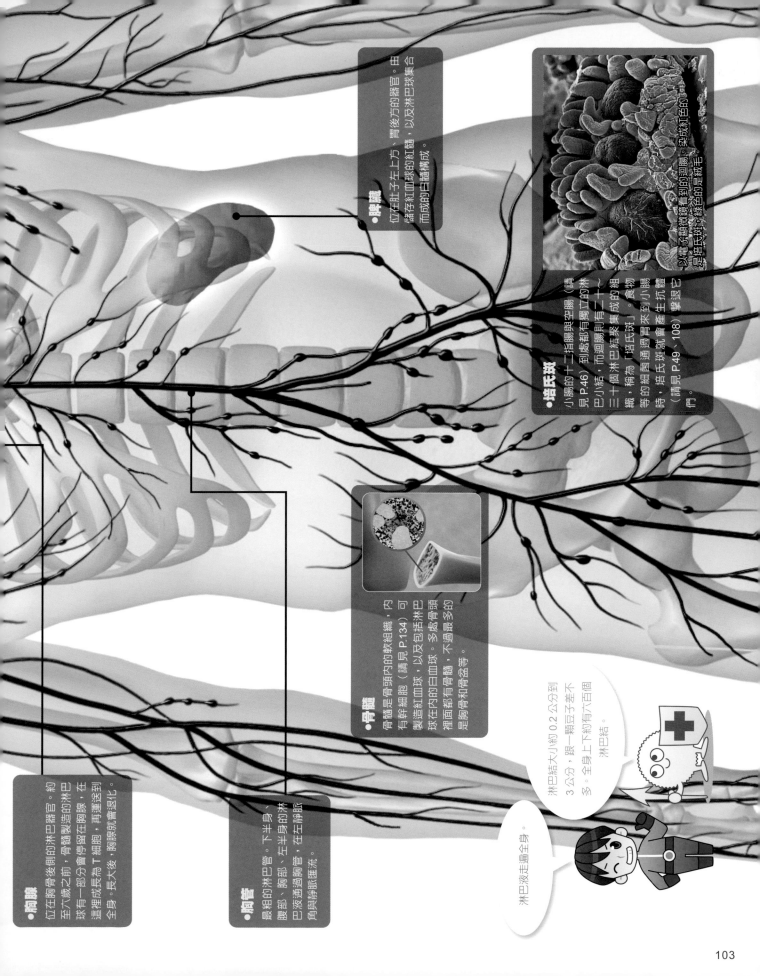

●脾臟
位在肚子左上方、胃後方的器官。由許多紅血球的紅髓，以及淋巴球集合而成的白髓構成。

以電子顯微鏡看著到的迴腸。染成紅色的是培氏斑；綠色的是絨毛。

●培氏斑
小腸的十二指腸與空腸（請見 P.46）到處都有獨立的淋巴小結，而迴腸則有二十～三十個淋巴結聚集成的組織，稱為「培氏斑」。食物等的細菌通過胃來到小腸時，培氏斑就會產生抗體擊退它們。（請見 P.49、108）

●骨髓
骨髓是骨頭內的軟組織，內有幹細胞（請見 P.134）可製造紅血球、以及包括淋巴球在內的白血球。多處骨頭裡面都有骨髓和骨盆等。

●胸腺
位在左胸骨後側的淋巴器官。約至六歲之前，骨髓製造的淋巴球有一部分會停留在胸腺，在這裡成長為 T 細胞，再運送到全身。長大後，胸腺就會退化。

●胸管
最粗的淋巴管。下半身、腹部、胸部、左半身的淋巴，巴液通過胸管，在左靜脈角與靜脈匯流。

淋巴結大小約 0.2 公分到 3 公分，跟一顆豆子差不多。全身上下約有六百個淋巴結。

淋巴液走遍全身。

103

保護身體！
人體防衛隊

 動博士的重點！

病毒與細菌之中，會引發疾病的稱為「病原體」，而這裡畫的是對抗病原體的細胞們。人體內有好幾種細胞同心協力擊退病原體，這些細胞全都是白血球的夥伴，稱為「免疫細胞」。免疫細胞在全身的血管、淋巴管（請見 P.102）裡巡邏，或待在喉嚨和肺臟等地方，隨時準備與病原體戰鬥。

●變成病原體的細菌
侵入體內增生，就會引發疾病。一旦感染，就有可能發生劇烈腹痛和腹瀉。

●巨噬細胞
白血球之一的單核球離開血管後就轉變成為巨噬細胞。能夠變形、自由活動並吞噬病原體，或是把吃下的病原體資訊傳給協助性 T 細胞。

● 樹突細胞（DC）
免疫細胞之一，捕抓細菌和病毒等的病原體資訊，傳給協助性 T 細胞。

大家正在通力合作，對抗病原體！

●嗜中性球
病原體侵入體內時，最先與巨噬細胞一起離開血管、發揮作用的白血球之一。壽命短，吃下病原體就會死去變成「膿」。

●調節性T細胞
淋巴球之一，作用是阻止免疫細胞攻擊。等到病原體幾乎全數消滅後，調節性 T 細胞就會抑制協助性 T 細胞的活動。

免疫細胞的打仗方式

免疫細胞的團隊合作相當出色。病原體一侵入體內，最先是嗜中性球出現，緊接著是樹突細胞和巨噬細胞登場，吃掉病原體。協助性 T 細胞收到來自樹突細胞和巨噬細胞的病原體資訊，就會下令 B 細胞和細胞毒性 T 細胞發動攻擊。B 細胞使用抗體當作武器，攻擊病原體，細胞毒性 T 細胞破壞染上病原體的細胞。最後由調節性 T 細胞停止攻擊。

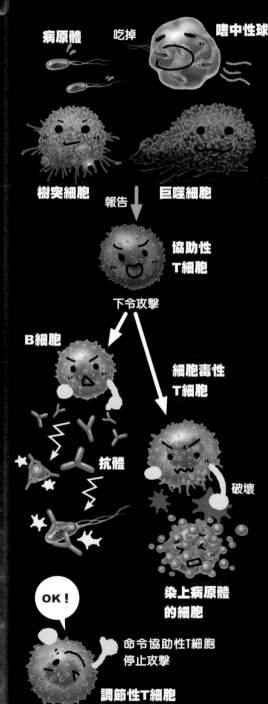

● B細胞

引起免疫反應的導因物質稱為抗原（請見 P.108）。B 細胞是淋巴球的夥伴，一旦記住抗原的病原體，就會分化成為製造抗體的細胞，並分泌抗體攻擊病原體。部分 B 細胞能夠記住病原體的資訊，因此稱為「記憶 B 細胞」。

● 病毒

侵入體內的病原體。相較於細菌，尺寸更小，而且單靠自己無法增生，只能感染到細菌上繁殖。流行性感冒（請見 P.110）也是病毒作祟導致。

● 協助性T細胞

淋巴球之一，收到來自巨噬細胞和樹突細胞的入侵體內病原體資訊後，就會下令 B 細胞攻擊。也負責活化遍布全身的細胞毒性 T 細胞發揮作用。此外，部分協助性 T 細胞會記憶病原體的資訊，變成記憶 T 細胞留下。

● B細胞釋出的抗體

會對抗原產生反應，負責打倒病原體的物質。遇到不同的抗原會製造出不同的抗體（請見 P.49、108）。

● 細胞毒性T細胞

鎖定染上病毒的細胞、癌細胞（請見 P.114）攻擊的淋巴球之一。收到協助性 T 細胞的命令後，挑選目標細胞攻擊。部分細菌毒性 T 細胞能夠記憶病原體的資訊，就會變成記憶 T 細胞留下。

巨噬細胞

 動博士的重點！

病原體進入體內後，血液中的白血球就會攻擊病原體，保護身體。白血球之中體型最大、攻擊力最強的就是巨噬細胞，也稱為「吞噬細胞」，可自由變換形狀，並大口吞下體內的各種異物。我們就一起來認識一下巨噬細胞吧。

Q 巨噬細胞有七種變化？

A 隨著巨噬細胞的夥伴在人體內活動場所不同，而有不同的名字。在肺臟的稱為「肺泡巨噬細胞」，肝臟的是「庫氏細胞（肝巨噬細胞）」，關節的是「關節巨噬細胞」，骨頭的是「蝕骨細胞」，腦的是「微膠細胞」。簡直就像巨噬細胞有七種變化。

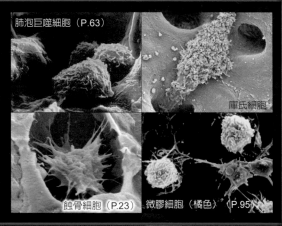

肺泡巨噬細胞（P.63）

庫氏細胞

蝕骨細胞（P.23）　微膠細胞（橘色）（P.95）

巨噬細胞吃掉病毒和細菌的行為稱為「吞噬作用」。

● 病原體

指的是侵入體內，引發傳染病的病毒和細菌等。

這是怪獸們的戰爭……吧？

● 對抗各式各樣外敵的巨噬細胞

可自由行動的巨噬細胞一發現外敵，就會改變形狀，先伸出偽足纏住病原體，接著吞沒對方，在細胞內分解。因為其吞噬各種外敵的習性，而又稱為吞噬細胞。

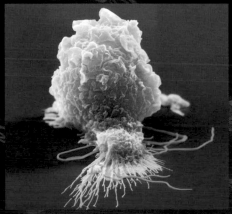

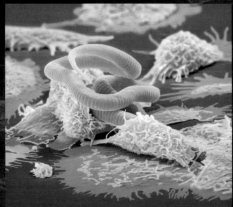

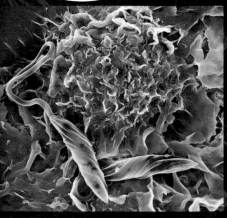

▲吃掉細菌（藍線）的巨噬細胞。　　▲吃掉寄生蟲幼蟲的巨噬細胞。　　▲吃掉寄生蟲利什曼原蟲（紫色部分）的巨噬細胞。

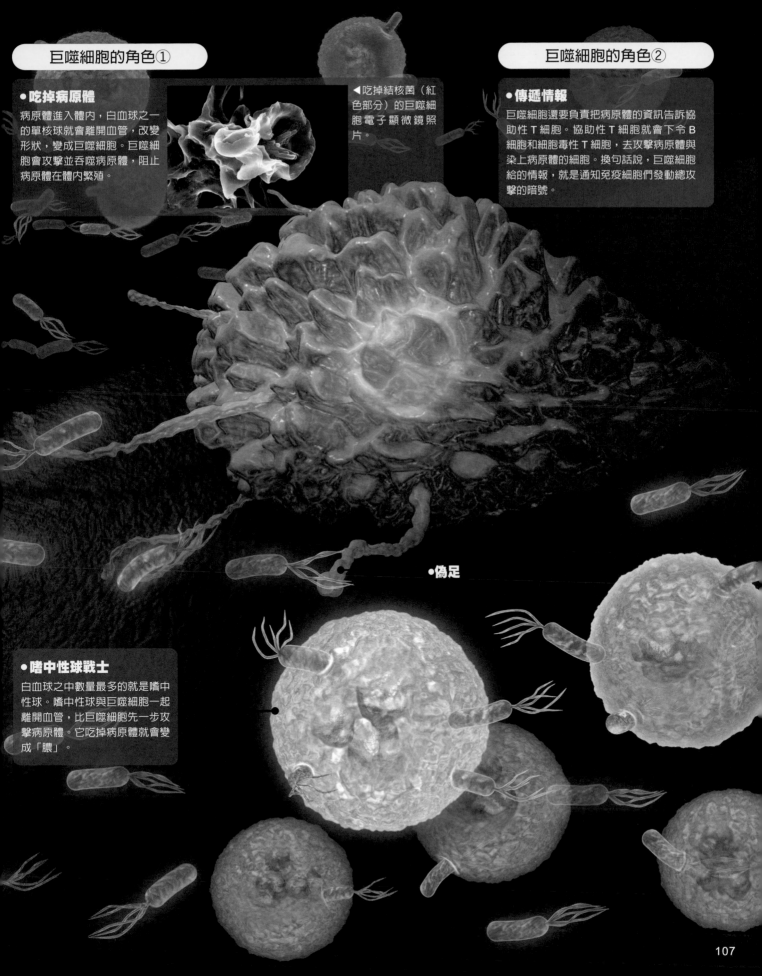

巨噬細胞的角色①

●吃掉病原體

病原體進入體內，白血球之一的單核球就會離開血管，改變形狀，變成巨噬細胞。巨噬細胞會攻擊並吞噬病原體，阻止病原體在體內繁殖。

◀吃掉結核菌（紅色部分）的巨噬細胞電子顯微鏡照片。

巨噬細胞的角色②

●傳遞情報

巨噬細胞還要負責把病原體的資訊告訴協助性 T 細胞。協助性 T 細胞就會下令 B 細胞和細胞毒性 T 細胞，去攻擊病原體與染上病原體的細胞。換句話說，巨噬細胞給的情報，就是通知免疫細胞們發動總攻擊的暗號。

●偽足

●嗜中性球戰士

白血球之中數量最多的就是嗜中性球。嗜中性球與巨噬細胞一起離開血管，比巨噬細胞先一步攻擊病原體。它吃掉病原體就會變成「膿」。

免疫反應太強

過敏之謎

動博士的重點！

人類的身體會利用免疫反應保護身體遠離細菌和異物。這種反應如果強烈到足以傷害身體，就稱為「過敏」。皮膚發炎、眼睛發癢等，症狀應有盡有。過敏太嚴重時，甚至會致死。

●過敏原
引起過敏的原因物質。

●抗體
過敏原一進入體內，人體就會製造蛋白質，也就是抗體，與之對抗。

●感覺神經
釋出的組織胺作用在神經上，就會產生搔癢感。

●肥大細胞
皮膚、血管四周、鼻黏膜等常見的細胞。

●血管
釋出的組織胺作用在血管上，就會引起腫脹、發紅等反應。

●含組織胺的顆粒
過敏原一旦附著在抗體上，肥大細胞就會釋放出的物質。

Q 為什麼會發生過敏？

A 造成免疫反應發生的原因物質稱為「抗原」。特別是引發過敏的物質「過敏原」一旦進入體內，人體就會製造抗體。抗體附著在肥大細胞的表面，肥大細胞就會釋放組織胺，就是這個組織胺引起紅腫、發癢等。

氣喘和異位性皮膚炎等，也都是過敏症狀。

侵入體內的過敏原

● 蟎

蟎的屍體與糞便都是過敏原。人類發生過敏的原因多半都是因為蟎。

● 貓毛

對貓過敏的人除了貓毛之外，也會對貓的唾液、尿液出現過敏反應。

● 花粉

杉樹、豬草（照片）等植物的花粉，都是過敏的原因。花粉症就會出現流鼻水、流眼淚等症狀。

● 室內灰塵

就是指房間裡的灰塵。裡頭混雜著人類皮屑、黴菌、細菌等。

過敏反應在某些程度上可靠藥物抑制。

Q 什麼是食物過敏？

A 食物過敏是指，會對部分食物產生強烈的過敏反應。常見的過敏原包括牛奶、蛋、螃蟹、堅果類、蕎麥、小麥等。有食物過敏的人，容易對食物內含有的特定物質產生抗體，引起強烈的過敏反應，有時甚至會導致死亡。

病毒與細菌

 動博士的重點！

細菌是由單一細胞構成的單細胞生物，反觀病毒就不屬於生物，病毒很奇怪，只能寄生在細胞上繁殖。有些種類的病毒和細菌一旦進入體內，就會使我們生病。這裡將介紹這些小到肉眼看不見卻不容小覷的怪獸。

感冒也幾乎都是病毒作祟。

可怕的病毒

• T4 噬菌體

外形很特別的病毒，會感染大腸菌。它是用六隻腳牢牢抓住大腸菌，把 T4 噬菌體的 DNA（請見 P.130）注入大腸菌內，感染後的大腸菌因為 T4 噬菌體增加而死亡，但對人體沒有影響。

• 人類免疫缺乏病毒（HIV）

中心結構是正二十面體，沒有 DNA 卻有 RNA（請見 P.130）。它會感染人類的免疫細胞，進而降低免疫功能，引發 AIDS（後天免疫缺乏症候群，俗稱愛滋病）。

• 流行性感冒病毒

有 RNA，還有包膜包覆。表面大量的刺會變形，因此每年都有新型態的流行性感冒（簡稱流感）流行。

• 天花病毒

病毒之中體型最大、構造最複雜。過去曾經奪走許多人命，現在已經幾乎沒有人會染上天花。

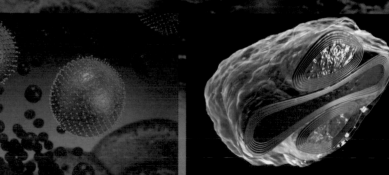

Q 病毒與細菌的不同之處是？

A 病毒非常小，大約 0.0001 公釐大，無法靠自己繁殖，必須感染人類或其他生物的細胞，利用（寄生）該細胞繁殖。另一方面，細菌的大小約 0.001 公釐，只要營養、溫度等條件適合，就能夠進行細胞分裂（請見 P.132），單靠自己就能夠繁殖。

細胞

病毒

T4 噬菌體感染了大腸菌。

恐怖的細菌

●鏈球菌病毒

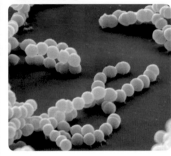

多個細菌串連成項鍊狀，會感染喉嚨，引起發燒、喉嚨痛。

●霍亂弧菌

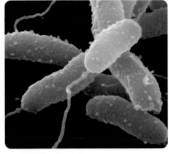

有一條鞭毛，能夠四處活動。會在小腸裡釋放毒素，造成食物中毒。

●沙門氏菌

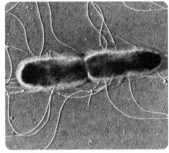

有許多條鞭毛，能夠四處活動。一旦進入腸子的細胞，就會引起食物中毒。

●破傷風桿菌

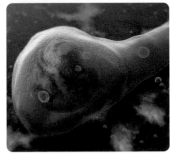

會製造稱為「芽胞」的外殼，因此耐得住高熱和紫外線。平常生活在土裡，受傷時就會進入人體，引發破傷風。

●伊波拉病毒

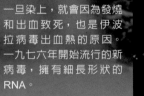

一旦染上，就會因為發燒和出血致死，也是伊波拉病毒出血熱的原因。一九七六年開始流行的新病毒，擁有細長形狀的 RNA。

●腺病毒

病毒是正二十面體，表面有十二根天線狀突起，是泳池熱（游泳池傳染發燒）、急性結膜炎的原因。

※ 鏈球菌、霍亂弧菌、沙門氏菌是電子顯微鏡照片，其他的病毒和細菌是電腦繪圖。

病毒與傳染病

保護身體

動博士的重點！

病毒侵入體內後，有時會引發傳染病。流感（請見 P.110）是每年都會流行的傳染病，而二〇一九年底出現的新型冠狀病毒一瞬間就擴散到全世界，稱為傳染病的「全球大流行」。這裡我們就來認識一下新型冠狀病毒。

Q 新型冠狀病毒是什麼？

A 冠狀病毒有幾十種，其中能夠傳染給人類的有七種，而這七種之中，最近才出現的就是新型冠狀病毒（以下簡稱新冠病毒），會引起肺炎。新冠病毒引起的傳染病稱為 COVID-19（俗稱新冠肺炎）。

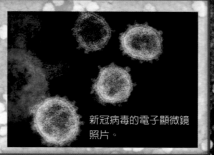

新冠病毒的電子顯微鏡照片。

Q 一旦感染新冠病毒，會出現什麼樣的症狀？

A 感染新冠病毒後，常見的症狀是發燒、喉嚨痛、咳嗽、強烈倦怠感等，與一般感冒類似。但是也有人不會出現任何症狀。重症患者會變成嚴重的肺炎、呼吸痛苦，因此需要使用人工呼吸器治療。

- 發燒
- 喉嚨痛
- 咳嗽
- 強烈倦怠感
- 流鼻水和鼻塞
- 頭痛
- 偶爾有腹瀉、嘔吐
- 味、嗅覺異常
- 肺炎
- 呼吸困難

一顆細胞能夠繁殖出這麼多的病毒啊！

Q 有能夠有效對付新冠病毒的疫苗嗎？

A 疫苗是用降低毒性或去除毒性的病原體製作的藥劑。接種疫苗能夠獲得對傳染病的免疫力，進而預防感染或不易發病。新冠病毒的疫苗，在傳染病開始擴散後，就以史上最快速度著手開發，二〇二〇年十二月在英國開始接種，到了二〇二一年，包括日本在內的世界各國民眾也多半陸續完成接種。新疫苗的研究現在也仍持續進行中。

Q 如何預防新冠病毒？

A 為了避免感染新冠病毒，也為了避免傳染給其他人，最重要的就是「勤洗手」、「注意咳嗽、打噴嚏的禮貌（戴口罩）」、「不群聚」。

在感染者的細胞內繁殖後，浮現在細胞表面的新冠病毒電子顯微鏡照片（塗成黃色的顆粒就是新型冠狀病毒）。

●特別是吃飯前一定要洗手

●注意咳嗽、打噴嚏的禮貌（勿忘戴口罩）

醫學界嘗試過用許多藥物治療新冠病毒，但目前尚未開發出有效的抗病毒藥物。

●睡眠充足

●避免群聚

●好好吃飯

●勤運動

癌症vs.免疫系統

動博士的重點！

日本現在大約每兩人就有一人一生當中會有一次診斷出「癌症（惡性腫瘤）」的機會。癌是指構成身體的正常細胞有一部分發生變異，並大量繁殖形成的細胞團塊。

這種細胞團塊稱為「腫瘤」，可透過手術或藥物治療，但有可能再度復發，或是在不知不覺間轉移到其他地方且變大，總之是十分難搞的疾病。

Q 良性腫瘤與癌症哪裡不同？

A 異常的細胞團塊就算變大，也只是集中在一處，對身體幾乎沒有不良影響，這種就稱為良性腫瘤。會朝四周擴散的腫瘤稱為惡性腫瘤或癌症。

▲良性腫瘤　　　▲惡性腫瘤（癌症）

● **變大的大腸癌細胞**
持續惡化的癌症部位會製造新的血管，替癌細胞補給氧氣和營養，活化癌細胞。

● **製造新的血管**
癌細胞釋出「想要獲得更多營養」的訊息物質，就會製造出新的血管，使得癌細胞能夠獲得更多的氧氣和營養。

據說人體內每天都有數千個細胞發生變異。

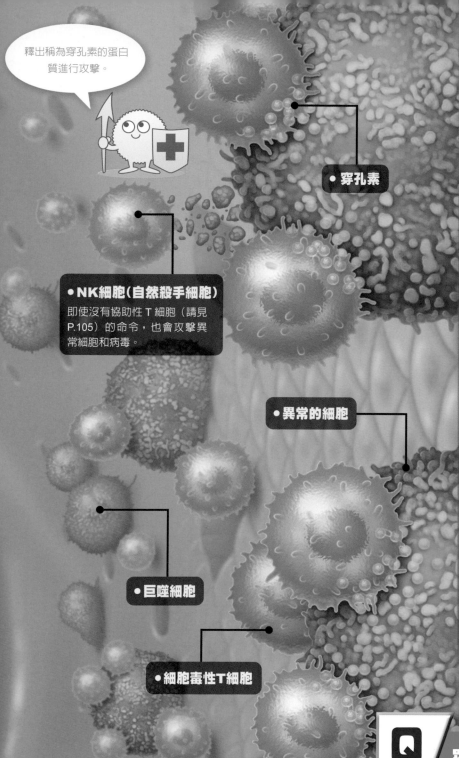

釋出稱為穿孔素的蛋白質進行攻擊。

• 穿孔素

• NK細胞（自然殺手細胞）
即使沒有協助性 T 細胞（請見 P.105）的命令，也會攻擊異常細胞和病毒。

• 異常的細胞

• 巨噬細胞

• 細胞毒性T細胞

繁殖擴散的癌細胞

癌症一旦發生，就會擴散到其他地方，稱為「轉移」。癌細胞可以進入血管和淋巴管移動，轉移到體內其他各處。

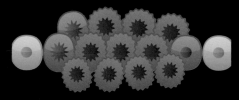

▲基因發生異常，正常的細胞變成癌細胞。

▲阻止繁殖的煞車對癌細胞來說沒用，所以癌細胞逐漸增加，變成很大的惡性腫瘤。

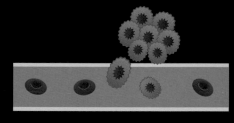

▲癌細胞持續增加，朝四周擴散，也進入淋巴管和血管。

▲順著淋巴液和血液移動的癌細胞，跑到其他位置，在那裡繼續變大。

對抗癌症

異常的細胞在體內誕生，如同上圖所示，免疫細胞的細胞毒性 T 細胞和 NK 細胞會貼上異常的細胞，釋出破壞細胞的穿孔素等物質，進行攻擊。這樣一來就能夠擊退異常細胞，多數人能夠恢復健康。順利躲過細胞毒性 T 細胞和 NK 細胞破壞的異常細胞則會變得很巨大，威脅到人體的健康與生命。

Q 罹癌會發生什麼狀況？

A 肺臟和腸子罹患癌症，功能就會受阻，人就無法健康生活。此外，癌會奪走營養，使人變得虛弱。

▲罹患癌症的肺臟。

保護身體

傷口的修復

動博士的重點！

受傷時，如果鮮血流個不停，或是傷口始終沒有癒合，豈不是很傷腦筋？細菌等病原體也會從傷口進入體內，因此人體配備有修復傷口的機制。血液中的各種細胞和物質會止血、遮住傷口，趕跑細菌等病原體！

傷口逐漸蓋起來了！

纖維蛋白扮演很重要的角色喔。

開始結痂的傷口

插圖描繪出從體內看到傷口開始結痂的樣子，也對應了右頁「傷口復原過程」最上面那張插圖的階段。

● 纖維蛋白

斜向通過的褐色物質是纖維蛋白，它是絲狀的蛋白質，能夠纏住紅血球製造凝塊，更進一步覆蓋住血小板堵住的傷口。

● 血漿

大約占血液的一半。血漿大部分是水，也是絲狀蛋白質（纖維蛋白）的來源，內含稱為「纖維蛋白原」的蛋白質。

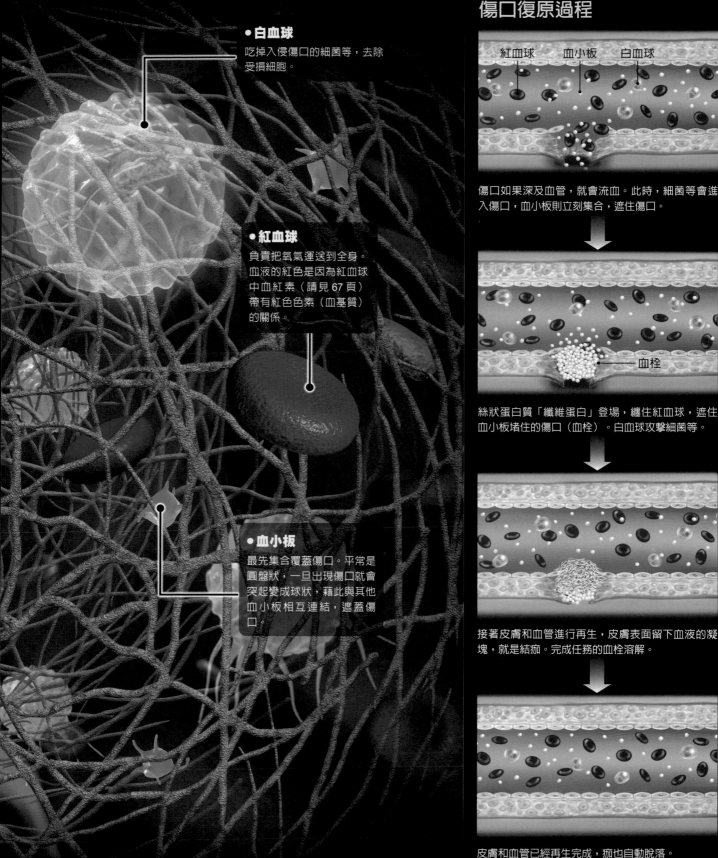

● 白血球

吃掉入侵傷口的細菌等,去除受損細胞。

● 紅血球

負責把氧氣運送到全身。血液的紅色是因為紅血球中血紅素(請見 67 頁)帶有紅色色素(血基質)的關係。

● 血小板

最先集合覆蓋傷口。平常是圓盤狀,一旦出現傷口就會突起變成球狀,藉此與其他血小板相互連結,遮蓋傷口。

傷口復原過程

紅血球　　血小板　　白血球

傷口如果深及血管,就會流血。此時,細菌等會進入傷口,血小板則立刻集合,遮住傷口。

血栓

絲狀蛋白質「纖維蛋白」登場,纏住紅血球,遮住血小板堵住的傷口(血栓)。白血球攻擊細菌等。

接著皮膚和血管進行再生,皮膚表面留下血液的凝塊,就是結痂。完成任務的血栓溶解。

皮膚和血管已經再生完成,痂也自動脫落。

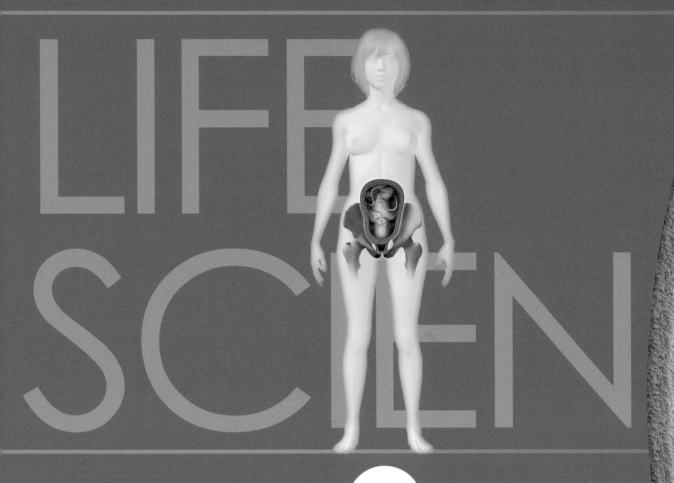

第 6 章

生命

生命寄宿在母親的肚子裡，耗時大約十個月成長，最後以嬰兒的模
樣誕生。你絕對想不到，嬰兒還在肚子裡的時候，就已經透過各種
物質與母親對話。「生命」究竟是什麼？嬰兒具備哪些能力？為什
麼親子有相似的外型與個性？守護生命的最先進醫學目前發展是？
我們就來一窺生命的祕密。

為了孕育生命

男女的身體

 動博士的重點！

小孩的身體從外表上看不出太大的差異，但是成年男女的身體，相較之下就有許多不同。試著比較父親和母親的身體，你應該也發現完全不同吧？兩者最大的差異在於生殖器，也就是留下子孫不可或缺的器官。這裡將比較男女身體有哪些不同。

Q **男性比較精實？**

A 與女性相比，男性的肌肉發達，體格結實健壯，身高也較高，肩膀也較寬，鬍鬚和胸毛等的體毛也較明顯。此外還可看到外生殖器官，也就是陰莖和包覆睪丸的陰囊。

一次釋放的精子數量是兩億個！

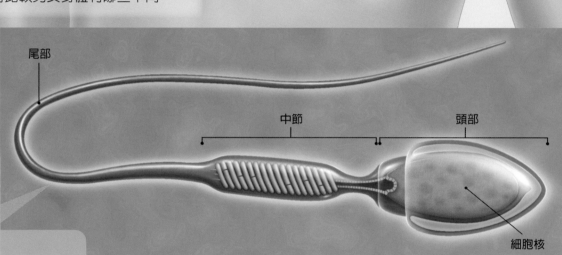

尾部　　　中節　　　頭部

細胞核

精子

精子是具有活動能力的生殖細胞，長度是 0.05 ～ 0.07 公釐，由頭部和細長的尾部所構成，位在頭部的細胞核（請見P.130）內有 DNA。精子擺動尾部前進，中節有提供動力的馬達「粒線體」。

膀胱　　精囊

輸精管

前列腺

尿道

男性生殖器官的構造

精子是由陰囊內的睪丸製造。精子不耐高溫，因此睪丸有陰囊包覆，突出於體外。製造出來的精子經過輸精管，與精囊、前列腺分泌物一起形成精液，進入尿道，從陰莖的尿道外口排出，這個過程稱為射精。

陰囊

陰莖　　精囊

尿道外口

▲睪丸的電子顯微鏡照片。睪丸裡有彎彎曲曲的曲細精管，精子就是在這個曲細精管內（照片中藍色的部分）製造。

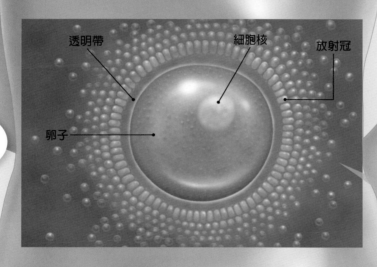

Q 女性比較豐腴？

A 相較於男性，女性的皮下脂肪較多，體態較圓潤，乳房和臀部（骨盆）也較大。這種差異是為了生小孩所作的準備。

Q 精子和卵子的差異是？

A 兩者有很大的不同。精子的長度是 0.05 ～ 0.17 公釐，卵子的直徑約 0.2 公釐，卵子遠遠大過於精子。精子可使用長長的尾部移動，但卵子無法靠自己的力量移動。一次射精釋出的精子數量約兩億，而排卵每個月大致上只有一顆卵子，一輩子大約四百顆。

卵子大約每個月一顆。

成為卵子的卵細胞在胎兒誕生之前，就在女性體內了。

乳房的發展

進入青春期，女性就會因為卵巢製造的荷爾蒙（雌激素）開始長脂肪，使乳房變大。懷孕時，腦下垂體前葉就會分泌荷爾蒙（泌乳激素），使乳房發達，準備好提供嬰兒乳汁。

透明帶　細胞核　放射冠

卵子

卵子

卵子的直徑約 0.2 公釐，在人體內算是相對較大的細胞。卵子有玻尿酸構成的「透明帶」外膜包覆。

子宮　輸卵管

卵巢

膀胱

陰道

女性生殖器官的構造

卵巢在子宮的左右兩側各有一個，卵子在卵巢內製造並等待成熟。離開卵巢的卵子會被輸卵管吸入，受精是在輸卵管內發生。受精卵進入子宮成長為胎兒。陰道在生小孩的時候稱為產道。

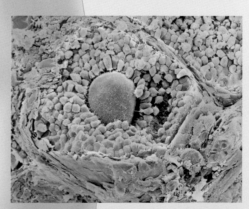

▲卵巢內的卵子電子顯微鏡照片，可看到還在成長中的小卵子（藍色），以及成熟的大卵子（紅色）。成熟卵子最後會離開卵巢，等待與精子相會。

生命

受精

 動博士的重點！

受精是指精子與卵子相會成為受精卵。受精是在女性體內的輸卵管內發生，也是新生命誕生的時刻。精子歷經重重困難移動了很長一段路，終於遇到卵子。我們就來瞧瞧這感動的瞬間吧。

在射精的兩億個精子之中，只有一兩個精子能成功抵達卵子，完成受精。

人體地圖

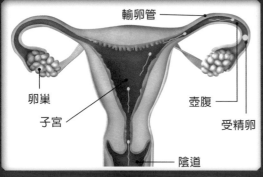

輸卵管

卵巢
子宮

壺腹

受精卵

陰道

受精是發生在輸卵管的壺腹。射精後，部分精子在五～十五分鐘內，就會從陰道經過子宮抵達壺腹。

精子大冒險

精子抵達卵子之前要吃很多苦頭。首先，因為陰道是酸性環境，不耐酸性的精子會先死掉一半。接著輸卵管有左右兩條，有一半精子會選錯路。即使順利進入正確的輸卵管，也會遇到與行進方向逆向擺動的纖毛阻擋，而難以前進。唯有跨越這些困難的精子，能夠成功受精。

用頭部
刺入！

● 纖毛
避免異物進入輸卵管。

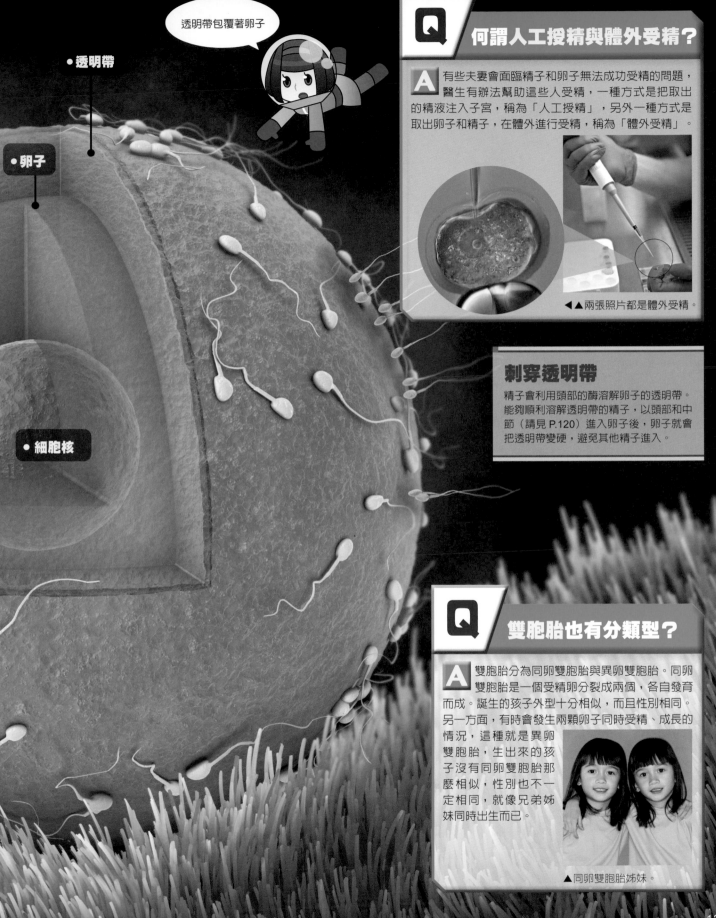

透明帶包覆著卵子

• 透明帶

• 卵子

• 細胞核

請見 P.120

Q 何謂人工授精與體外受精？

A 有些夫妻會面臨精子和卵子無法成功受精的問題，醫生有辦法幫助這些人受精，一種方式是把取出的精液注入子宮，稱為「人工授精」，另外一種方式是取出卵子和精子，在體外進行受精，稱為「體外受精」。

◀▲兩張照片都是體外受精。

刺穿透明帶

精子會利用頭部的酶溶解卵子的透明帶。能夠順利溶解透明帶的精子，以頭部和中節（請見 P.120）進入卵子後，卵子就會把透明帶變硬，避免其他精子進入。

Q 雙胞胎也有分類型？

A 雙胞胎分為同卵雙胞胎與異卵雙胞胎。同卵雙胞胎是一個受精卵分裂成兩個，各自發育而成。誕生的孩子外型十分相似，而且性別相同。另一方面，有時會發生兩顆卵子同時受精、成長的情況，這種就是異卵雙胞胎，生出來的孩子沒有同卵雙胞胎那麼相似，性別也不一定相同，就像兄弟姊妹同時出生而已。

▲同卵雙胞胎姊妹。

直到我們見面之前

胎兒

 動博士的重點！

受精之後到出生為止，胎兒要在母親的肚子裡待三十八週時間成長。一開始的球形卵子後來是如何變成人類的身體，我們一起來看看。

● 胚胎分裂期割

受精卵在輸卵管裡不斷地進行細胞分裂（請見 P.132），成為胚胎狀態進入子宮。

● 子宮

第7天 著床
細胞分裂結束後，變成囊胚狀態，就會附著在子宮壁上，讓子宮內膜製造胎盤。

● 卵巢

● 排卵
成熟卵子離開卵巢，進入輸卵管。

● 輸卵管

● 受精
卵子和精子在輸卵管裡相遇受精，成為受精卵。

● 卵子

5週
在第五週的階段，胚胎約 1 公分大，形狀類似海馬，直到第八週為止都還不是胎兒，沒有明顯的手腳，不過已經有頭部和心臟。這個大小在做超音波檢查時無法看清楚。

● 精子

● 陰道

10週
這個時期不是胚胎，已經可稱為胎兒。在第十週時約 4.7 公分，已經長大許多，嘴唇、手指等身體細節已經形成，看起來有人類的外型，也能夠清楚聽到心跳聲。

17週
體重約一百公克，體長約 15 公分。腦的部分區域已經形成，能夠大幅度活動身體，內臟的基本形狀也已完成，開始發揮功能。此外也已經能夠判斷性別。

從第九週到出生為止，稱為「胎兒」喔。

第九週之前叫「胚胎」。

●子宮
在女性的骨盆（請見P.20）內，孕育胎兒直到出生的場所。

●羊膜
負責分泌羊水，調節適合胎兒的羊水量。

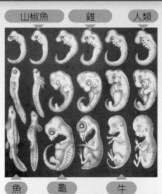

Q 所有動物一開始都一樣？

A 請看右圖，這群生物因為有脊椎，因此稱為「脊椎動物（請見P.34）」，牠們在受精後三十天為止幾乎沒有不同。科學家認為脊椎動物是從魚類演化而來，因為牠們受精之後有一段時間外型都很相似，就是最好的證明。

山椒魚	雞	人類

受精後30天

出生前夕

魚	龜	牛

●胎盤
負責提供氧氣與營養，維持胎兒成長與生命。代替肺臟和肝臟等的功能。

●羊水
含有胎兒成長必須成分的水。也能夠保護胎兒遠離細菌和撞擊。

●臍帶
裡面有血管，幫助胎兒從母體接收營養，把不需要的廢物交給母體。

38週 誕生

到了三十八週左右，胎兒已經成長完全，也做好出生的準備，母親的子宮（子宮肌肉）開始反覆收縮，推擠胎兒，這種收縮（宮縮）造成的疼痛稱為「陣痛」。

37週
體重約三千公克，體長約五十公分，已經接近出生時的大小。頭部朝向子宮口，做好出生的準備。

●產道

子宮口完全打開，胎兒的頭部改變形狀方便通過狹窄的產道，準備離開子宮。

生命

胎兒與胎盤

 動博士的重點！

支持胎兒成長的，就是連結母親
與胎兒的「胎盤」。事實上，胎
盤和臍帶都是來自胎兒受精卵分
裂出的細胞，都是胎兒的一部分。
胎兒和母親是透過胎盤的 VEGF
（血管內皮生長因子）、PGF（胎
盤生長因子）等物質進行溝通。

Q 胎兒是以胎盤 獲得營養嗎？

A 胎兒的血管和母親的血管並
沒有透過胎盤相連，母
親的動脈把血液送進胎盤，
胎兒再透過胎盤的絨毛膜
絨毛吸收大量的氧氣和
營養。胎兒的老舊廢
物則是透過臍帶，經
由母親的靜脈送到母
體內。

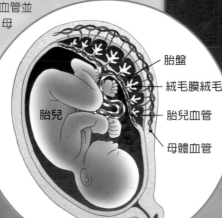

胎盤

絨毛膜絨毛

胎兒血管

胎兒

母體血管

擴張的子宮動脈出口，送進大量的血液，使絨毛膜絨毛取得大量的氧氣和營養。

A 胎盤負責攝取氧氣和營養，胎兒成長的過程需要更多的營養，因此長在胎盤內的絨毛膜絨毛也必須跟著成長。母親把 VEGF（血管內皮生長因子）物質連同各式各樣的營養送進胎盤。VEGF 敦促製造新血管，使絨毛長大，得以吸收更多營養。

1
收到VEGF的絨毛。

胎兒更進一步成長，絨毛就會釋出 PGF（胎盤生長因子）物質。一收到 PGF，母親子宮的動脈出口就會擴張，使絨毛能夠收到更多血液。

2
釋出PGF的絨毛

胎兒和母親透過 VEGF、PGF 的往來進行對話，幫助胎兒成長。絨毛更進一步伸長，頂端鑽進子宮壁，穿過母親的血管壁。血管壁遭到破壞，動脈出口就會更加擴張，將大量血液注入絨毛。這些血液使胎兒更加成長。

3
鑽進子宮壁的絨毛頂端。

寶寶的超能力

生命

動博士的重點！

人類並非一出生就能立刻站立、說話，但一歲之前的寶寶，擁有許多成年人沒有的驚人能力，這些能力是為了讓寶寶快速適應生活環境，可惜過了一歲之後，這些能力幾乎都會消失。那麼，我們就來瞧瞧寶寶究竟擁有什麼樣的超能力吧。

寶寶抓握東西的力氣很大，足以支撐自己的體重。

突觸的數量隨著年齡愈大逐漸減少。

●出生八個月到一歲左右，腦的突觸數量達到高峰

突觸（請見 P.89、94）在神經元與神經元之間傳遞情報。腦的突觸在出生八個月到一歲左右的數量，達到一輩子的最高峰，大約是二十歲成年人的 1.5 倍。科學家認為這是因為寶寶需要腦發揮最大能力，去認識自己出生的環境。

年齡　誕生　　2歲　　　20歲　　　70歲

Q 剛出生就會走路？

A 出生一個月的寶寶，如果像照片那樣扶著，讓雙腳接觸地面，他就會像走路一樣擺動雙腳，這反應稱為「踏步反射」，是只有寶寶才有的反射動作之一，亦即即使才剛出生，人類也具有步行能力。

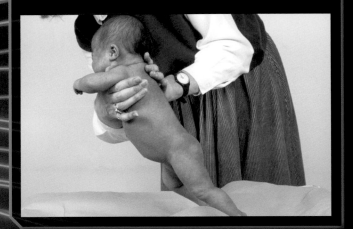

Q 會讀心術？

A 科學家進行過一項實驗，給黑猩猩和人類寶寶觀看果汁倒進杯子的影片，並觀察他們關注的畫面重點。結果顯示，黑猩猩看的是影片中人在移動的東西，相反地，寶寶注意的是影片中人的表情。換句話說，寶寶不僅想要理解對方在做什麼，還想要弄懂對方的心。科學家認為這種舉動是人類獨有的學習方式。

實驗進行時的樣子。

有顏色的部分是人類寶寶視線注意的地方。

Q 能夠聽懂詞彙？

A 出生半年左右的寶寶，還無法理解詞彙。但是，給寶寶聽正常的詞彙，以及把詞彙倒過來唸，寶寶大腦的韋尼克區（請見 P.93）聽到正常詞彙時，會出現反應。換言之，即使他們無法理解對話的意思，還是有能力去分辨是詞彙或雜音。

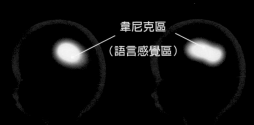
韋尼克區
（語言感覺區）

正常詞彙　　　　　　　　　倒過來的詞彙

Q 能夠分辨母親的味道？

A 剛出生的寶寶已經懂得分辨母親的味道。英國進行研究，把浸泡母親母乳的紗布與沾有其他女性母乳氣味的紗布，分別放在寶寶的臉兩側，觀察寶寶反應，結果顯示，寶寶大多數時候都會把臉轉向有母親氣味的紗布；這是因為母乳氣味的來源是脂肪酸，而寶寶還在肚子裡時，就已經記住那個味道。對寶寶來說，能否喝母乳關係到生死，為了自身安全與安心，寶寶會循著胎中的記憶，找尋母親的味道。

Q 寶寶會模仿？

A 對著寶寶吐舌頭，寶寶就會模仿，跟著吐舌頭。有紀錄顯示，寶寶在剛出生短短幾個小時，就懂得模仿。由此可知，寶寶天生就有模仿學習的能力。這項能力在出生幾個月之後就會消失。

細胞的構造

 動博士的重點！

距今約三百五十年前，英國科學家虎克（Robert Hooke）利用顯微鏡觀察軟木塞（西班牙栓皮櫟的樹皮）切片，發現構成軟木塞的小「房間」並命名為「細胞」。現在我們已經知道，所有細胞內都有維持生命所需的眾多胞器，以及生命設計圖「DNA」，接著我們就來揭曉生命的驚人奧祕吧！

人類是由37兆顆細胞所構成

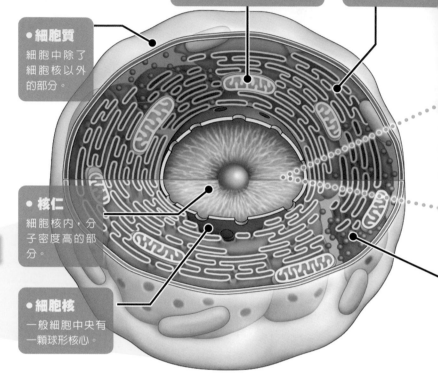

● **粒線體**
內部有扁梳狀的膜，製造細胞活動所需的能量。

● **平滑型內質網（sER）**
由膜構成，儲存鈣。

● **細胞質**
細胞中除了細胞核以外的部分。

● **核仁**
細胞核內，分子密度高的部分。

● **細胞核**
一般細胞中央有一顆球形核心。

Q 靠 DNA 設計圖能夠創造什麼？

A 生物的特徵是藉由化學物質的排列組合誕生。其中，DNA 是最重要的化學物質，也是含有製造生命活動所需蛋白質的命令的物質。按照設計圖製造蛋白質的過程，稱為「中心法則」。

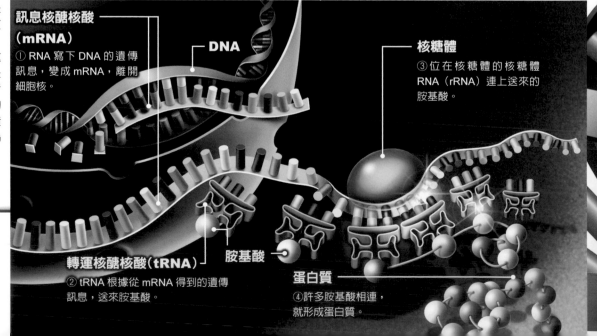

訊息核醣核酸（mRNA）
① RNA 寫下 DNA 的遺傳訊息，變成 mRNA，離開細胞核。

DNA

核糖體
③位在核糖體的核糖體 RNA（rRNA）連上送來的胺基酸。

轉運核醣核酸（tRNA）
② tRNA 根據從 mRNA 得到的遺傳訊息，送來胺基酸。

胺基酸

蛋白質
④許多胺基酸相連，就形成蛋白質。

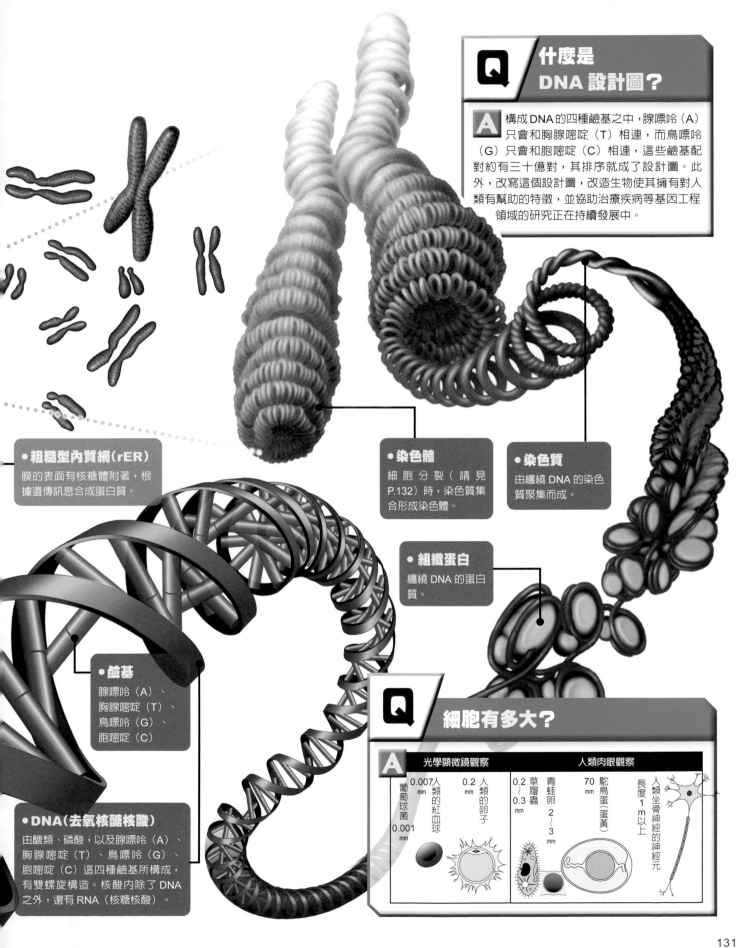

Q 什麼是DNA設計圖？

A 構成DNA的四種鹼基之中，腺嘌呤（A）只會和胸腺嘧啶（T）相連，而鳥嘌呤（G）只會和胞嘧啶（C）相連，這些鹼基配對約有三十億對，其排序就成了設計圖。此外，改寫這個設計圖，改造生物使其擁有對人類有幫助的特徵，並協助治療疾病等基因工程領域的研究正在持續發展中。

●粗糙型內質網（rER）
膜的表面有核糖體附著，根據遺傳訊息合成蛋白質。

●染色體
細胞分裂（請見P.132）時，染色質集合形成染色體。

●染色質
由纏繞DNA的染色質聚集而成。

●組織蛋白
纏繞DNA的蛋白質。

●鹼基
腺嘌呤（A）、
胸腺嘧啶（T）、
鳥嘌呤（G）、
胞嘧啶（C）

●DNA（去氧核醣核酸）
由醣類、磷酸，以及腺嘌呤（A）、胸腺嘧啶（T）、鳥嘌呤（G）、胞嘧啶（C）這四種鹼基所構成，有雙螺旋構造。核酸內除了DNA之外，還有RNA（核糖核酸）。

Q 細胞有多大？

A

光學顯微鏡觀察	人類肉眼觀察

葡萄球菌 0.001 mm

0.007 mm 人類的紅血球

0.2 mm 人類的卵子

0.2～0.3 mm 草履蟲

青蛙卵 2～3 mm

70 mm 鴕鳥蛋（蛋黃）

長度1m以上 人類坐骨神經的神經元

親子為什麼相似？

染色體與遺傳

動博士的重點！

細胞分裂成兩個，逐漸增加，此時要矚目的就是染色體。染色體是由生命設計圖「DNA」所組成，分裂誕生的細胞也繼承了 DNA 攜帶的遺傳訊息。為什麼親子的外型和個性會相似？這個問題的答案就在染色體上。好了，我們一起去瞧瞧微物世界裡不斷重演的生命誕生連續劇吧。

● **第一次細胞分裂**

減數分裂

製造生殖細胞的精子和卵子時，採用的方式不是有絲分裂，而是減數分裂。有絲分裂是分裂一次，另一方面，減數分裂會分裂兩次。第二次分裂不會複製染色體，所以染色體的數量只有分裂前的一半，這是考慮到細胞在未來成為卵子或精子受精時，能夠與另一半的染色體結合。這種染色體只有一半數量的細胞，稱為「配子」。

● **分裂開始**

在分裂之初，DNA 聚集在細胞核內。

有絲分裂

一般來說，細胞會進行有絲分裂。除了生殖細胞的精子和卵子之外，體內細胞都以這種方式分裂、增加。細胞分裂時，染色體也會分裂。四十六條染色體均分後，變成兩個完全一樣的細胞。

細胞核

染色體

● **分裂完成**

● **染色體出現**

細胞核開始出現染色體。染色體已經複製、倍增。

● **染色體排成一列**

數量多一倍的染色體集合在中央，排成一直線。

● **染色體分裂**

染色體朝兩極拉開，最後分裂成兩個。

● **兩個細胞**

分裂後的細胞變成兩個，擁有與細胞分裂前同樣數量的染色體。

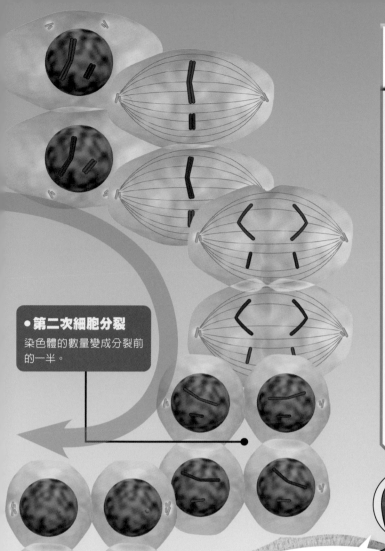

● 第二次細胞分裂
染色體的數量變成分裂前的一半。

● 配子
染色體數量變成一半的細胞。男性的是精子，女性的是卵子。

染色體只在細胞分裂時出現。可用顯微鏡觀察到喔。

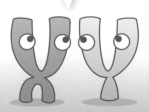

A 人類的嬰兒是在母親的卵子與父親的精子受精之後誕生。減數分裂產生的各種細胞（配子）分別有二十三條染色體，按照大小排序，最大的是一號，第二十三號上有決定誕生新生命是男是女的資訊。長染色體與短染色體的組合（XY）是男孩，長染色體與長染色體的組合（XX）則會生女孩。

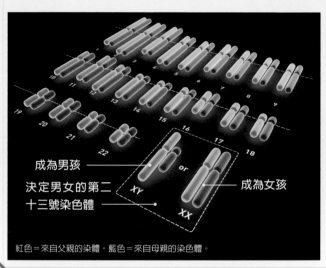

成為男孩 ─

決定男女的第二
十三號染色體 ─ XY

or

成為女孩

XX

紅色＝來自父親的染體。藍色＝來自母親的染色體。

距今約一百五十年前，奧地利植物學家暨修道士孟德爾發現遺傳的基本定律，注意到「子代會繼承親代的特徵」，稱為「孟德爾定律」。

孟德爾定律

①從父母繼承來的特徵之中，有些特徵容易出現在孩子身上，有些則否。
②擁有兩個不同特徵的基因，在減數分裂產生兩個配子時，就會分開。
③擁有兩個不同特徵的基因，在減數分裂產生兩個配子時，不會互相影響。

孟德爾定律的內容包括以上三點。接下來請看右圖，右圖經過簡化，但這就是遺傳的基本定律。

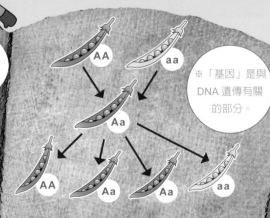

※「基因」是與DNA 遺傳有關的部分。

假設有綠豌豆與黃豌豆，「A」是綠色特徵的基因，「a」是黃色特徵的基因，互相交配之後，基因組合變成「Aa」，但「綠色」特徵更容易顯現在子代豌豆上，所以生出來是綠豌豆。基因組合「Aa」的豌豆產生的下一代，有三次機率是綠色，一次機率是黃色；反觀基因組合是「aa」時，則只會出現黃色。

主要的幹細胞

● 造血幹細胞
製造紅血球、白血球、血小板的幹細胞。

● 神經幹細胞
製造神經元的幹細胞。

● 上皮幹細胞
製造皮膚的幹細胞。

● 肝幹細胞
製造肝細胞的幹細胞。

● 骨骼肌幹細胞
製造骨骼肌的幹細胞。

● 生殖幹細胞
製造精子或卵子的幹細胞。

● 分化
血小板
白血球
紅血球

全球矚目

iPS細胞的奧祕

iPS細胞是人類創造出來的細胞，可變成體內大多數的細胞和組織。因此經常當作各類研究與再生醫學的材料，倍受全球矚目。

動博士的重點！

何謂iPS細胞？

全球首位成功製作出iPS細胞的山中伸彌教授，取英文名稱 induced（誘導性）pluripotent（多能的）stem cells（幹細胞）的字首命名。事先看過底下的說明，就能夠了解這個名稱的意思。

幹細胞 幹細胞是能夠產生各種細胞的未分化細胞。幹細胞的種類也很多，各種幹細胞在體內各處製造細胞。

多能 意思是就像受精卵一樣，能夠分化成各種細胞。

分化 細胞變化成皮膚或肌肉等具有特定任務的細胞，稱為分化。幹細胞進行細胞分裂、分化，就能夠變成其他細胞。

換句話說，能夠變成各式各樣細胞的人造幹細胞，就是iPS細胞。

iPS細胞研究第一人

山中伸彌 教授
京都大學iPS細胞研究所 所長

原本想成為骨科醫生的山中伸彌教授，因為遇到治療頑強性關節炎的病患，因而轉換跑道，改走向治療絕症之路。山中教授破解細胞初始化的機制，投入於iPS細胞的研究，於二〇一二年成為第二位獲得諾貝爾生醫獎的日本人。

iPS細胞的形成過程

我們就來瞧瞧人工製造的萬能幹細胞「iPS細胞」是如何產生的。

①細胞採集

皮膚的細胞

iPS細胞可用皮膚等採集到的細胞製作。

②初始化

●iPS細胞的製造

已經分化的細胞無法恢復成幹細胞，但以人工方式進行基因組合，就有可能把細胞恢復成幹細胞。這個行為稱為「細胞的初始化」，而初始化得到的幹細胞，就是iPS細胞。iPS細胞在幹細胞之中稱為「多能幹細胞」，能夠分化成為大多數的細胞。

iPS細胞

③分化

●可變成許多細胞

iPS細胞只要改變培養（人工繁殖的意思）的條件，就能夠分化成各式各樣的臟器和組織細胞。下列三張照片就是iPS細胞實際分化成的細胞照片。

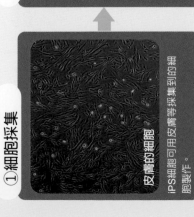

神經元

平滑肌細胞

肝細胞

真的可以變成很多種細胞喔。

Q 有哪些好處？

A 製造並移植損失或出問題的臟器、組織等，稱為「再生醫學」，而iPS細胞在再生醫學上也有貢獻。用血液等的細胞製造出iPS細胞，使之變成各種細胞，移植到人體，人體就有可能自行修復臟器。此外，用絕症患者的細胞製造iPS細胞，使分化成患部的細胞，就可以研究出生病的原因，或使用iPS細胞進行無法在人體進行的藥物測試等。iPS細胞的未來值得期待。

化不可能為可能！

iPS細胞與未來的醫學

動博士的重點！

使用 iPS 細胞這類幹細胞的再生醫學研究，目前正在積極發展中。現在，在實驗室製造器官、用來移植等聽起來不切實際的夢想，即將就要實現。此外，使用器官晶片培養出來的細胞串連而成的迷你人體，還能夠進行新藥物的開發！

Q 什麼是類器官？

A 實驗室製造的迷你器官稱為「類器官」。截至目前為止，科學家已經製造出腸、腎臟、腦、肝臟等各種類器官。類器官不是平面的細胞集合體，而是擁有立體構造，功能也與真正的器官相似，因此可用來幫助我們解開人體器官誕生的過程，或是研究器官的治療方式。

Q 什麼是器官晶片？

A 在矽等製成的小板子（晶片）上，模擬人體內的一部分，稱為「器官晶片（人體晶片）」。在晶片上建立極小的房間和通道，把用 iPS 細胞等培養的腦、肝臟、腎臟等細胞放入房間，各房間再以具有血管功能的小路相連。利用器官晶片可輕輕鬆鬆在人體之外的地方檢驗藥物效果和毒性，有助於新藥研發，目前剛開始投入使用。

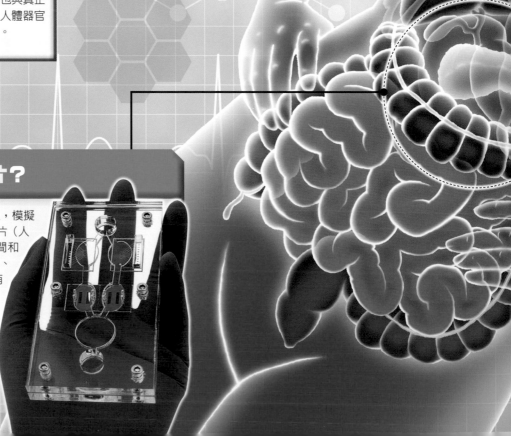

大腦的類器官

首度問世的迷你肝臟

肝臟的類器官研究正如火如荼進行，期待可用在肝臟移植手術上。變成肝臟的 iPS 細胞、變成血管的 iPS 細胞，以及整合兩者的 iPS 細胞，這三種混合後，進行 3D 細胞培養，因而製造出世界首創、擁有立體構造與血管的迷你肝臟。目前正在研究大量製造迷你肝臟的技術，期待未來能夠使用在肝臟移植上。

▶擁有立體構造的迷你肝臟。

世界首次出現的迷你多器官

從 iPS 細胞製造的腸細胞開始，接著出現肝臟和膽管、胰臟，成功製造出「迷你多器官」。人類的器官是彼此相連，因此在醫療應用上，只製作單一器官反而很難。同時製作多個器官，使器官彼此相連再行移植，這樣的技術一旦確立，再生醫學就能夠開拓新路。

肝臟

胰臟

腸

膽管

迷你多器官

偶然誕生的迷你大腦。

Q 什麼是迷你大腦？

A 「迷你大腦」是偶然誕生的類器官。平常緊貼在培養皿底部的幹細胞，突然漂浮在液體裡，成長為立體的形狀，變成了迷你大腦。在其他研究中甚至檢測出迷你大腦會發出類似腦波的訊號。有科學家認為，迷你大腦雖然小，但或許跟我們的腦一樣具有「意識」。

索引

［照片・插圖］
特別協力：アフロ アマナイメージズ Getty Images

カバー裏 絨毛膜絨毛：NHK ／ P.4 破骨細胞と骨芽細胞：NHK ／ P.5 骨細胞：NHK ／ P.6-7 腸内細菌：NHK ／ P.8 糸球体：NHK ／ P.8-9 血管：NHK ／ P.10 ニューロン：NHK ／ P.10-11 シナプス：NHK ／ P.11 脳の神経細胞：又吉直樹、NHK ／ P.12 がん細胞：NHK ／ P.14 受精卵：近畿大学 山縣一夫 ／ P.14-15 絨毛膜絨毛：NHK ／ P.16 北里柴三郎：学校法人北里研究所、田原淳：島田達生 ／ P.17 野口英世：（公財）野口英世記念会、山中伸弥：京都大学 iPS細胞研究所 ／ P.25 オステオカルシン：NHK ／ P.31 レプチン：NHK ／ P.33 HAL®（装着型サイボーグ）：サイバーダイン（株）提供 ／ P.34 骨格標本（アカウミガメ、リスザル、トナカイ）：湯沢英治 ／ P.52-53 腸内細菌と免疫細胞：NHK ／ P.68 微絨毛：NHK ／ P.70-71 赤血球など：NHK ／ P.71 石灰化が進んだ血管：東京医科大学病院 山科章、NHK ／ P.72-73 メッセージ物質：NHK ／ P.94 脳の神経細胞：又吉直樹、NHK ／ P.96-97 海馬：NHK ／ P.122-123 受精卵：Sol90Images ／ P.126-127 絨毛膜絨毛：NHK ／ P.129 赤ちゃんの実験：明和政子（京都大学）／ P.135 iPS細胞ができるまで：京都大学iPS細胞研究所 ／ P.136 多臓器チップ：Hesperos ／ P.137 ミニ肝臓、ミニ多臓器：東京医科歯科大学 統合研究機構 武部貴則、ミニ大脳：Madelin A. Lancaster(Nature2013)

［協力］
三田敏治（九州大学）、東武動物公園、上野動物園、柴田佳秀

國家圖書館出版品預行編目（CIP）資料

人體大解密百科圖鑑 / 島田達生監修；黃薇嬪翻譯.
-- 初版 . -- 臺中市：晨星出版有限公司, 2023.03
　　面；　公分
譯自：人体のふしぎ
ISBN 978-626-320-347-1（精裝）

1.CST: 人體學 2.CST: 圖錄

397.025　　　　　　　　　　111020278

詳填晨星線上回函
50 元購書優惠券立即送
（限晨星網路書店使用）

人體大解密百科圖鑑
講談社の動く図鑑 MOVE 人体のふしぎ 新訂版

監修	島田達生
翻譯	黃薇嬪
主編	徐惠雅
執行主編	許裕苗
版面編排	許裕偉

創辦人	陳銘民
發行所	晨星出版有限公司
	台中市 407 工業區三十路 1 號
	TEL：04-23595820　FAX：04-23550581
	E-mail：service@morningstar.com.tw
	https：//www.morningstar.com.tw
	行政院新聞局局版台業字第 2500 號
法律顧問	陳思成律師
初版	西元 2023 年 3 月 6 日
讀者專線	TEL：（02）23672044 /（04）23595819#212
	FAX：（02）23635741 /（04）23595493
	E-mail：service@morningstar.com.tw
網路書店	https://www.morningstar.com.tw
郵政劃撥	15060393（知己圖書股份有限公司）
印刷	上好印刷股份有限公司

定價 999 元

ISBN 978-626-320-347-1（精裝）

小腸內覆蓋一層小到肉眼看不見的突起，稱為絨毛和微絨毛，負責擴大吸收營養的面積。其面積大約有三十平方公尺，也就是有半個羽毛球場大的面積藏在肚子裡。

小腸的表面積
30 m²

關於小腸
▶ P. 46

紅血球的數量
25兆個

關於紅血球
▶ P. 67

在各式各樣的細胞之中，數量最多的就是紅血球，高達二十五兆個。每個紅血球大約工作一百二十天，就會與新的紅血球交替。

微觀世界的

關於細胞
▶ P. 130

全身細胞的數量
37兆2000億個

最新研究顯示，人體的細胞數量約有三十七兆兩千億個。這麼多的細胞，全是由一個受精卵細胞製造出來的。而且細胞每天都在更新。

染色體的組合
70兆種

關於基因
▶ P. 133

由同一對父母生下的孩子，也有大約七十兆種染色體的組合。數量這麼多，因此兄弟姊妹要有相同的染色體組合，幾乎不可能。